众阅典藏馆

# 老人言 ①

崔瑞泽 ◎ 主编

黑龙江美术出版社

## 图书在版编目(CIP)数据

老人言 / 崔瑞泽主编. -- 哈尔滨：黑龙江美术出版社, 2022.3

(众阅典藏馆)

ISBN 978-7-5593-8053-1

Ⅰ.①老… Ⅱ.①崔… Ⅲ.①人生哲学-通俗读物 Ⅳ.① B821-49

中国版本图书馆 CIP 数据核字（2021）第 209292 号

LAORENYAN

老人言

出 品 人：于　丹
主　　编：崔瑞泽
责任编辑：李　旭　颜云飞
装帧设计：思梵星尚
出版发行：黑龙江美术出版社
地　　址：哈尔滨市道里区安定街 225 号
邮政编码：150016
发行电话：（0451）84270524
经　　销：全国新华书店
印　　刷：三河市华东印刷有限公司
开　　本：880mm×1230mm　1/32
印　　张：40
字　　数：680 千字
版　　次：2022 年 3 月第 1 版
印　　次：2022 年 3 月第 1 次印刷
书　　号：ISBN 978-7-5593-8053-1
定　　价：268.00 元（全四册）

本书如发现印装质量问题，请直接与印刷厂联系调换。

# 前言

中国有句老话叫"不听老人言，吃亏在眼前"。为什么要听老人言？因为老人的"老"，不光体现在年龄，更体现在智慧的古老、经验的老道、看待问题的深刻。姜还是老的辣，很多时候，时间本身就是一种资本。经过的事多，走过的路多，吃过的盐多，也就相当于在这个世界上接受过的历练多，对这个世界的认识就深刻，看人就能看到骨子里去。这些老人言都是来自于生活的经验，是我们的祖辈们吃过亏、受过苦、交过了学费后一点点积攒下来的。那些口耳相传的智慧，让我们无法不去敬畏。不听老人言，吃亏在眼前，听老人言，是一种智慧寻根。

老人言是祖辈留给我们的财富，只不过它没有以实物的形式存在，而是一种以口耳相传的方式传播的智慧，也正因为如此，老人言才显得更加的宝贵。因为口耳相传实际上是一个经过岁月大浪淘沙的过程，在这个过程中，岁月帮我们淘汰掉那些并不值得流传的经验，而留下来的就都是能够指导我们人生的至理名言。

老人言不同于名人之言、圣人之言，它更体现出一种草根性，草根智慧实实在在，草根智慧更接地气。其实咱们大多数人，都是普通老百姓。草根智慧有草根智慧的和蔼可亲——通俗、易懂、平易近人，不让人感觉高高在上，而让人感觉触手可及。在咱们的生活中，处处有这样的老人言，它可能就是我们的爷爷、奶奶不经意的某句话，当时咱们觉得"老土"，但突然某一天，就会觉得那些话说到了我们的心坎里！常常听到身边的朋友们感慨"早知道这样就听父母的了""还是老爸老妈有远见啊""我当初怎么就没想到呢"，诸如此类的话，其实不是没想到，而是老人们早就说过了，我们没有用心去聆听，去感悟。如果多听些老人言，那么在面临选择时我们将会知道如何取舍，少走一些弯路；如果多听些老人言，一帆风顺时我们不会洋洋自得，忘记谦虚；如果多听些老人言，困顿无助时我们不会顾影自怜、一味消沉。

老人言是思想的火花、智慧的浓缩，隽永有味，字字珠玑。它们是立身处世的法则，是求索生活的道理。老人言内涵丰富，包罗万象，且实用性强，饱含生活的智慧，可以为我们的人生指引航向。只要你能听老人言，明白其中道理，并运用到实际生活中，必然会让你受益终生。

# 目录

**益智成才篇**

**第一章 知识积淀：求学无笨者，努力就成功**……………… 3

读书百遍，其义自见……………………………………………… 3

近水知鱼性，近山识鸟音………………………………………… 7

咬着石头才知道牙疼……………………………………………… 12

要知山下路，须问过来人………………………………………… 17

一遭生，二遭熟…………………………………………………… 21

听君一席话，胜读十年书………………………………………… 25

好记性比不上烂笔头……………………………………………… 29

井淘三遍吃甜水，人从三师武艺高……………………………… 33

千招要会，一招要好……………………………………………… 36

千般易学，一窍难通……………………………………………… 40

莫道君行早，更有早行人………………………………………… 43

艺多不压身………………………………………………………… 47

不怕学问浅，就怕志气短………………………………………… 50

若得惊人艺，须下苦功夫……………………………… 53

常说口里顺，常做手不笨……………………………… 55

黑发不知勤学早，白首方悔读书迟…………………… 59

天才出于勤奋…………………………………………… 63

第二章　求知益智：生活是知识的源泉，知识是生活的明灯…… 66

若要好，问三老………………………………………… 66

不懂装懂，一世饭桶…………………………………… 70

头回上当，二回心亮…………………………………… 72

饿出来的聪明，穷出来的智慧………………………… 76

不经冬寒，不知春暖…………………………………… 80

第三章　事理规律：风不来树不动，船不摇水不浑…… 85

强将手下无弱兵………………………………………… 85

上有所好，下必甚焉…………………………………… 90

辅车相依，唇亡齿寒…………………………………… 91

行得春风，必有夏雨…………………………………… 94

冰冻三尺，非一日之寒………………………………… 97

好钢要用在刀刃儿上…………………………………… 100

人多计谋广，柴多火焰高……………………………… 102

第四章　准则培养：习惯成自然……………………… 106

挨金似金，挨玉似玉…………………………………… 106

白沙在涅，不染自黑…………………………………… 109

百人百姓，各人各性…………………………………… 112
喝惯了的水，说惯了的嘴…………………………… 116
兔儿不吃窝边草……………………………………… 119
习惯成自然…………………………………………… 123
与善人居，择善而从………………………………… 127
今日事，今日毕……………………………………… 130

## 处世篇

### 第一章　世态人情：世事如棋局局新………… 135
远亲不如近邻，近邻不抵对门……………………… 135
名重好题诗…………………………………………… 139
取敌之长，补己之短………………………………… 142
人见利而不见害，鱼见食而不见钩………………… 144
挫锐解纷，和光同尘………………………………… 148
常善人者，人必善之………………………………… 152
身轻失天下，自重方存身…………………………… 154
吃水不忘掘井人……………………………………… 157
与其苛求环境，不如改变自己……………………… 161
想人所想，急人所急………………………………… 164
不管闲事终无事……………………………………… 167

3

## 第二章　做人哲学：谦则能和，傲则易怒 …… 170

生气不如争气，翻脸不如翻身 …… 170

学会低头，才能出头 …… 173

弓硬弦常断，人强祸必随 …… 175

多做事，少抱怨 …… 180

放下身段，不言自高 …… 182

辱人者必自辱 …… 185

虚怀若谷，谦恭自守 …… 189

人在屋檐下，不得不低头 …… 193

知足不辱，知止不殆 …… 195

危行言逊，不落祸患 …… 198

得意之时不可忘形 …… 201

少指责，多认错 …… 203

生活要"老成" …… 206

## 第三章　是非善恶：不是佛教徒，却有慈悲心 …… 211

赌近盗，淫近杀 …… 211

只有大意吃亏，没有小心上当 …… 215

多一些宽容，少一些隔膜 …… 217

施恩不图报，无求而自得 …… 221

知足则长乐，无求品自高 …… 224

济人须济急时无 …… 229

## 第四章 生活处境：得意失意莫大意，顺境逆境无止境 …… 234

- 饮水思源，缘木思本 …… 234
- 想喝甜水自己挑 …… 236
- 得意不可再往 …… 239
- 居上以仁，居下以智 …… 243
- 忍得一时，风光一世 …… 246
- 心安茅屋稳 …… 250
- 塞翁失马，焉知非福 …… 252
- 冬长三月，早晚打春 …… 255

## 第五章 个人涵养：茶也醉人何必酒，书能香我不须花 …… 260

- 君子坦荡荡，小人长戚戚 …… 260
- 玩人丧德，玩物丧志 …… 265
- 人靠衣装，佛靠金装 …… 267
- 输钱只为赢钱起 …… 269
- 诚信无须假于笔墨，美丽无须假于粉黛 …… 273
- 别让陋习成自然 …… 277
- 有求皆苦，无欲则刚 …… 280

## 第六章 立身处世：信者行之基，行者人之本 …… 283

- 有钱难买"早知道" …… 283
- 过头饭不吃，过头话不说 …… 285
- 学好三年，学坏三天 …… 291

想要释放自己，先要原谅他人 ·················· 293

凡事留一线，他日好相见 ···················· 297

前事不忘，后事之师 ························ 299

路径窄处，留一步与人行 ···················· 301

人无远虑，必有近忧 ························ 303

名誉是把双刃剑 ···························· 306

信誉重于泰山 ······························ 308

## 交际篇

**第一章　言行智慧：一嘴莫生两舌头** ············ 313

到什么庙里烧什么香 ························ 313

出门观天色，进门看脸色 ···················· 315

耳不听，心不烦 ···························· 317

会说的，不如会听的 ························ 321

玩笑之时有分寸 ···························· 326

巧言令色多陷阱 ···························· 328

谣言止于智者 ······························ 330

藏不住事，不成大事 ························ 334

嘴上得有个把门儿的 ························ 337

心口如一终究好，口是心非难为人 ············ 339

## 第二章　为人胸怀：造房要余地，做人要余情 343

见人只说三分话 343

得放手时且放手，得饶人处且饶人 346

宠辱不惊，去留无意 349

君子记恩不记仇 353

话不说满，事不做绝 357

水至清则无鱼，人至察则无徒 361

说话留点余地 366

## 第三章　待人接物：敬人者人恒敬之，爱人者人恒爱之 370

苍蝇不叮无缝的蛋 370

主雅客来勤 373

将欲取之必先予之 376

以德立身，以德服人 378

重视别人的名字 383

## 第四章　自我修炼：一等二靠三落空，一想二干三成功 390

不怕千着巧，只怕一着错 390

忍得一时忿，终身无恼闷 392

退一步，才能进十步 396

清者自清，浊者自浊 398

该装傻时则装傻，该聪明时不含糊 400

人串门子惹是非，狗串门子挨棒槌 404

人不在大，要有本事；山不在高，要有景致 408

## 第五章　人际交往：岁寒知松柏，患难见真情 413

奉承你是害你，指教你是爱你 413

信言不美，美言不信 416

朋友也分类 420

轻信他人，受害的是自己 423

会表达，易成功 426

礼多人不怪，多笑惹人爱 430

话多不如话少，话少不如话好 435

蚊子遭扇打，只因嘴伤人 438

人情不可透支 440

花香不在多，室雅不在大 442

再精巧的算盘也有算错的时候 446

一把米养个恩人，一斗米养个仇人 448

打人莫打脸，骂人莫揭短 450

## 职场谋略篇

### 第一章　工作态度：活着一分钟，战斗六十秒 457

窍门满地跑，就看找不找 457

世上无难事，只要肯攀登 461

行不行，先尝试 465

刀不磨要生锈，人不学要落后……………………………… 468

工作宜赶不宜急………………………………………………… 470

三个臭皮匠，赛过诸葛亮……………………………………… 473

侥幸一阵子，受害一辈子……………………………………… 476

三分苦干，七分巧干…………………………………………… 480

进攻才是最好的防守…………………………………………… 483

不担三分险，难练一身胆……………………………………… 486

不怕百事不利，就怕灰心丧气………………………………… 490

## 第二章　竞争智慧：体魄和智慧是竞争的利剑…………… 496

一寸不牢，万丈无用…………………………………………… 496

要埋头苦干，不好高骛远……………………………………… 501

针尖大的窟窿斗大的风………………………………………… 505

卒子过河能吃车马炮…………………………………………… 509

大船只怕钉眼漏，粒火能烧万重山…………………………… 512

自以为是，就什么也不是……………………………………… 517

先长的眉毛，不如后长的胡子长……………………………… 521

后上船者先登岸………………………………………………… 525

不抢风头不越位………………………………………………… 528

劝将不如激将，激将不如逼将………………………………… 531

少些书生气，多点世态心……………………………………… 534

做事不由东，累死也无功……………………………………… 537

## 第三章　技能纯粹：书痴者文必工，艺痴者技必良……… 542

不怕人不请，就怕艺不精……………………………… 542

宁在人前全不会，不在人前会不全……………………… 545

宁苦干，不苦熬……………………………………… 550

失败是块磨刀石……………………………………… 554

## 第四章　行思之道：休将我语同他语，未必他心似我心……… 558

老马通路数，老人通世故………………………………… 558

姜老辣味大，人老经验多………………………………… 562

留条后路，多条出路……………………………………… 566

木秀于林，风必摧之……………………………………… 567

枯树不结果，谎言不值钱………………………………… 568

伤人之言，深于矛戟……………………………………… 573

一个篱笆三个桩，一个好汉三个帮……………………… 577

忍一时风平浪静…………………………………………… 579

无声胜有声………………………………………………… 583

三思而后行………………………………………………… 586

# 财富篇

## 第一章　买卖经：千卖万卖折本不卖，酒饮席面话讲当面………591

货有贵贱，识货上策……………………………………… 591

货无大小，缺者便贵……………………………………… 595

# 目录

货有高低三等价，客无远近一般看…………………… 599

合理要价，诚信为本………………………………… 603

买卖不成仁义在……………………………………… 607

买主买主，衣食父母………………………………… 610

## 第二章 诚实信用：诚信是人最美丽的外套，是心灵最圣洁的鲜花… 615

疑人莫用，用人莫疑………………………………… 615

莫信直中直，须防仁不仁…………………………… 621

以义取利，德兴财昌………………………………… 622

诚实人常在，刁钻人不到头………………………… 626

刻薄不赚钱，忠厚不蚀本…………………………… 630

奸险是万恶之端，老实是万善之源………………… 634

饱谷穗头往下垂，瘪谷穗头朝天锥………………… 637

吹牛与说谎，两者是近亲…………………………… 639

诽谤者死于诽谤，造谣者丧命流言………………… 643

欺人只能一时，诚信才是长久之策………………… 647

## 第三章 经营致富：买卖不懂行，瞎子撞南墙…………… 651

三分掌柜，七分伙计………………………………… 651

把握机遇，抓住未知的财富………………………… 654

先有交代，后有买卖………………………………… 657

先做朋友，后做生意………………………………… 661

时间就是金钱，效率就是生命……………………… 664

11

老人言

买卖成交一句话 ················································· 666

不说等一等,要说马上来 ······································ 671

卖得回头笑,不请还自到 ······································ 675

**第四章　财富之道:要想吃鱼,就不能怕腥** ········ 680

小钱不去,大钱不来 ············································ 680

生姜不老不辣,生意不活不发 ································ 682

工多出巧艺 ························································ 684

有多大本钱,做多大生意 ······································ 688

吃一堑,长一智 ·················································· 693

生意不怕折,只怕歇 ············································ 697

好物不贱,贱物不好 ············································ 701


成功创业篇

**第一章　利害得失:智者千虑必有一失,愚者千虑必有一得**··· 707

驽马恋栈豆 ························································ 707

和气生财,怄气损财 ············································ 711

呼蛇容易遣蛇难 ·················································· 715

剪草除根,萌芽不发 ············································ 718

砍一枝,损百枝 ·················································· 723

当断不断,反受其乱 ············································ 727

选对行业,成就一生 ············································ 732

礼下于人，必有所求 ·················································· 735

大智若愚 ······························································· 738

做事要分轻重缓急 ··················································· 740

第二章　危机防患：马临险崖收缰晚，船到江心补漏迟 ········ 744

败家子挥金如粪，兴家人惜粪如金 ······························ 744

笨人先起身，笨鸟早出林 ·········································· 748

不会做小事的人，也做不出大事来 ······························ 753

害人之心不可有，防人之心不可无 ······························ 757

第三章　务实精神：火烧眉毛，且顾眼前 ······················· 761

眼望高山，脚踏实地 ················································ 761

车到山前必有路，船到桥头自然直 ······························ 763

十个空想家，抵不上一个实干家 ·································· 768

笨鸟先飞早入林 ······················································ 771

说话要诚实，办事要公道 ·········································· 773

第四章　机遇把握：君子藏器于身，待时而动 ·················· 777

慈不主兵 ······························································· 777

逢强智取，遇弱活擒 ················································ 780

将计就计，其计方易 ················································ 785

机会从来不等人 ······················································ 788

不打无准备之仗 ······················································ 791

善用现有资源 ························································· 795

13

磨刀不误砍柴工 ················································ 798

求人不如求己 ···················································· 801

**第五章 成功创业：人凭志气虎凭威** ················ 806

不怕无能，就怕无恒 ·········································· 806

铁匠没样，边打边像 ·········································· 808

大胆天下去得，小心寸步难行 ···························· 813

宁走十步远，不走一步险 ···································· 817

嫉妒是心灵的毒瘤 ·············································· 821

守信者先守时 ···················································· 826

保持谦逊才能邂逅成功 ······································· 830

善于沟通，事半功倍 ·········································· 834

反驳也要给别人留面子 ······································· 837

人生最大的满足是付出 ······································· 841

朋友可广交，但不可滥交 ···································· 843

头脑要比手脚更勤快 ·········································· 847


## 和谐家庭篇

**第一章 夫妻伉俪：夫妻无隔宿之仇** ·············· 855

丑是家中宝，可喜惹烦恼 ···································· 855

家有贤妻，夫不遭横祸飞灾 ································ 858

捆绑不成夫妻 ···················································· 862

宁拆三座庙，不破一家婚 ………………………… 866

妻是枕边人，十事商量 …………………………… 870

情人眼里出西施 …………………………………… 875

少年夫妻老来伴，一天不见问三遍 ……………… 878

易求无价宝，难得有心郎 ………………………… 880

愿做鸳鸯不羡仙 …………………………………… 883

嫌人易丑，等人易久 ……………………………… 886

百年随缘过，万事转头空 ………………………… 890

## 第二章 人伦之道：知子莫若父，百善孝为先 …… 896

家有一老，黄金活宝 ……………………………… 896

兄弟合力山成玉，父子同心土变金 ……………… 898

吃尽味道盐好，走遍天下娘好 …………………… 898

儿不嫌母丑，犬不嫌主贫 ………………………… 903

儿孙自有儿孙福，莫为儿孙作牛马 ……………… 906

百善孝为先 ………………………………………… 910

在家敬父母，何用远烧香 ………………………… 915

大不正，小不敬 …………………………………… 921

久病床前无孝子 …………………………………… 924

再甜的甘蔗不如糖，再亲的婶子不如娘 ………… 929

好帮好底做好鞋，好爹好娘养好孩 ……………… 932

至乐莫如读书，至要莫如教子 …………………… 936

国家有难思良将，人到中年想子孙……………… 941

不得乎亲不可为人，不顺乎亲不可为子……………… 945

### 第三章 喜怒哀乐：人逢喜事精神爽，闷上心来瞌睡多……… 949

日图三餐，夜图一宿……………… 949

哀莫大于心死……………… 954

欢娱嫌夜短，寂寞恨更长……………… 959

眉毛眼睛会说话……………… 963

人非草木，孰能无情……………… 967

先自我肯定，才能得到别人的肯定……………… 972

金窝银窝不如自己的穷窝……………… 977

攒钱好比针挑土，败家犹如水推沙……………… 979

蚕丝作茧，自缚其身……………… 982

好心倒做了驴肝肺……………… 984

知足者常乐……………… 989

世事本无完美，人生当有不足……………… 992

## 健康生活篇

### 第一章 安卧起居：居行有常，坐卧有方……………… 997

宁可食无肉，不可饭无汤……………… 997

食不言，睡不语……………… 999

一夜不睡，十夜不醒………………1002

# 目录

枕头不对，越睡越累……………………………………1004

吃得巧，睡得好…………………………………………1007

夜夜打呼噜，伴着阎王走………………………………1010

冬睡不蒙头，夏睡不露肚………………………………1013

经常开窗，有益健康……………………………………1015

中午睡觉好，犹如捡个宝………………………………1018

胡须不能拔，越拔越麻达………………………………1020

寒从脚起，火自头生……………………………………1025

耳不掏不聋，眼不揉不瞎………………………………1029

鼻不掏不破，牙不剔不稀………………………………1033

热水泡泡脚，胜过吃补药………………………………1039

要想防病，春捂秋冻……………………………………1044

疾从食来，病从口入……………………………………1047

食药同源，凡膳皆药……………………………………1050

吃了端午粽，寒衣才可送………………………………1052

一场秋雨一场寒，十场秋雨穿上棉……………………1054

## 第二章　居家过日子：当用时万金不惜，不当用时一文不费… 1057

人生最大的财富是健康…………………………………1057

恩爱夫妻多长寿…………………………………………1060

老筋长，寿命长…………………………………………1061

高枕未必无忧……………………………………………1064

17

老来瘦，未必寿……………………………………………1066

无病先防胜于有病再养…………………………………1069

早吃好，午吃饱，晚吃少………………………………1071

少吃咸盐，多活十年……………………………………1077

五谷杂粮营养全，既保身体又省钱……………………1083

口水是个宝，常吞身体好………………………………1087

可三日无餐，不可一日无水……………………………1090

## 第三章　民以食为天：家财万贯，不过一日三餐…… 1094

一天十个枣，医生不用找………………………………1094

常吃素，好养肚…………………………………………1097

适量饮酒，健康常有……………………………………1102

大蒜是个宝，天天少不了………………………………1106

天天吃醋，年年无灾……………………………………1110

饭后一个梨，抗癌防便秘………………………………1113

三天不吃青，两眼冒金星………………………………1117

常吃葱，人轻松…………………………………………1120

青菜豆腐保平安，山珍海味坏肚肠……………………1124

早晨喝杯淡盐汤，胜过医生去洗肠……………………1128

铁锅是个宝，家中不可少………………………………1131

春季养肝，食补为先……………………………………1135

热天一块瓜，强如把药抓………………………………1138

# 目录

夏天一碗绿豆汤，解毒去暑赛仙方·············1140

每顿八分饱，身体不显老·····················1143

老人食鱼，延年益寿·························1146

## 第四章 治病养身：小病不治，大病难医·············1151

吃药不如戒烟，治病不如防病·················1151

感冒不是病，不治要了命·····················1154

十人九痔，早防早治·························1157

大便一通，浑身轻松·························1160

欲得长生，肠中常清·························1163

有病及时治，切忌乱投医·····················1167

指甲颜色怪，小心把病害·····················1170

吃药不忌口，坏了大夫手·····················1173

常做噩梦，预示疾病·························1176

三九补一冬，来年无病痛·····················1179

## 第五章 锻炼身体：早睡早起身体好·················1182

登山登山，活过神仙·························1182

要健脑，把绳跳·····························1185

运动使人长寿，中年起步也不晚···············1189

出汗不迎风，跑步莫凹胸·····················1193

太阳是个宝，常晒身体好·····················1196

少跷二郎腿，保护背和腿·····················1200

没事常走路，不用进药铺·····················1202

生命在于运动·····························1208

**第六章　强健身心：心病还须心药医**············ 1211

饭养人，歌养心···························1211

先睡心，后睡眼···························1213

心宽能撑船，长寿过百年·····················1216

养生先养德，德高人自寿·····················1218

妻贤夫祸少，好妻胜良药·····················1221

心灵手巧，动指健脑·······················1224

有泪尽情流，疾病自然愈·····················1227

懒惰催人老，勤勉益处多·····················1230

# 益智成才篇

# 第一章
# 知识积淀：求学无笨者，努力就成功
## ——从实践中来，到实践中去

### 读书百遍，其义自见

晋陈寿曾在《三国志·魏志·王肃传》中说："人有从学者，遇不肯教，而云：'必当先读百遍'，言'读书百遍，其义自见。'"从字面意义看就是，要把一本书读到一百遍，其中的含义自然就心领神会了。这里的"读百遍"只是概数，是一种强调的语气，有多次重复之意。意在告诉我们，"重复"乃学习之母。关于这点，古人还说过，"锲而不舍，金石可镂"，我们读书，要的正是这锲而不舍的精神，只要静心研读，反复思考，定能悟出书中的"真谛"，如果每次都能从书本中悟出一些为人处世的哲学，日积月累，必将会开阔自己的胸怀和视野，在人生道路上少走弯路，对以后的人生也是一种指导。

东汉末年，有一个人叫董遇的人，少时家境贫寒，只能靠去田间卖苦力或走街串巷做些贩夫走卒的活计来养活自己。但无论做什么，走到哪里，环境多么恶劣，他总是随身携带着一些书，只要一有空就会孜孜不倦地读起来。后来，他发达了，做了官吏，仍坚持博览群书，不断丰富自己的学识，最终成了远近闻名的大学问家。

董遇成名之后，一时间很多俊杰才子慕名而来，想要拜他为师。这其中就有一个叫李尧的书生，李尧是董遇的同乡，少年时就研读了很多书籍，待年龄稍大些，渐渐喜欢上了历史典藏。初见面，一番寒暄之后，董遇问："年轻人，给你一本书，你会去读几遍？"

李尧恭敬地作了个揖，谦卑地答道："三遍。"

董遇说："此话不假？"

答曰："是真的读三遍。"

董遇很失望，摆摆手对他说："年轻人，你还是回去吧。"

李尧不解："先生，此话何意？我是诚心诚意地来向您拜师学习的，您为什么不肯收下我呢？"

董遇回答道："不是我不想留你，也不是你资质不够，我觉得你没有悟出治学的精髓所在。在你来此之前，早已有很多人来向我请教学习的方法，其实，也谈不上什么高深方法，我只是读书读的遍数多罢了。"

李尧满脸困惑地问:"先生会读多少遍呢?"

董遇笑了笑说:"文章至少要一口气先读上百遍。我觉得一篇文章如果不读很多遍的话,是很难理解文章的真正含义的。"

古人所谓"书读百遍,其义自见",说的就是这个道理。人们常说的"熟读唐诗三百首,不会作诗也会吟"也强调了精读和多读在学习中的重要性。孔子读《易经》至"韦编三绝",不知翻阅了多少遍。宋代大才子苏东坡满腹经纶,读《阿房宫赋》,夜不能寐,秉烛夜读,直到四鼓时分仍不肯休。

鲁迅先生少时在课桌上刻"早"字,勉励自己勤奋,早已为我们所熟知。青年时,鲁迅在江南水师学堂读书,经常会准备几本书和一串红辣椒。每当晚上读书寒冷难耐的时候,又或者是夜深人静读书犯困的时候,就放一颗红辣椒进嘴里,慢慢嚼着,直到辣得唇齿发麻,四肢冒汗,困意全无,然后继续挑灯读书。由鲁迅先生的这个小故事,可以看到,"读书百遍"并不仅仅指读书的次数,还要有一种锲而不舍的刻苦精神,"其义才能自见"。鲁迅正是凭着这种驱寒读书的精神,成为了中国现当代文学的一面旗帜。

无独有偶。我国著名的数学家张广厚,有次看到了一篇论文,觉得很适合自己的研究领域,于是就多次反复研读。这篇共十多页的论文，他反反复复地读了半年之久。因为多次翻阅，纸张泛黄，页面也已卷曲，他的妻子对他开玩笑说："这哪叫读书啊，这简直就是'吃书'啊。"

种种事迹表明，读书对做学问的重要性是不容置疑的，但我们也会疑惑：人生命短暂，日常琐事繁多，用在读书上的时间更是少之又少；加之，在当今这个信息爆炸的年代，生活节奏加快，书读百遍，更是不可能，哪能挤出那么多时间在一本书或一篇文章上？这确实是一个很难回答的问题。

在前面董遇与李尧的故事中，李尧也问了董遇同样的问题。董遇答曰："读书时间就是挤出来的。冬天，大雪纷飞，无处劳作，人们都躲在屋子里取暖休息，这是读书时间；晚上，万籁俱寂，这也是读书时间；雨天，道路泥泞，人们不能出门劳作，这也是读书时间。你可以把这些时间利用起来读书呀！可以把它归结为'三余'，即冬者岁之余，夜者日之余，阴雨者晴之余也。"

董遇的"三余"，用我们今天的话来概括就是：冬天是空闲的时间，夜晚是空闲的时间，阴雨天是空闲的时间。如果我们能抓住生活中的这些相对空闲的时间，何愁没有时间读书呢？

清朝一代名臣曾国藩是一个治学严谨、博览群书的理论家和古文学家。他一生以"勤"、"恒"两字勉励自己，教育家里的子侄。他说："百种弊病皆从懒生，懒则事事松弛。"他抓住日常生活中一切能读书的机会，甚至死前一日仍手不释卷。曾国藩曾经说过读书时要有"耐"字与"专"字诀，专穷一经，不可泛骛，今日不通，明日再读；今年不精，明年再读。

世间万象，皆为身外之物，唯有多读书，读好书能够启迪人的灵魂，让人心领神会，耳聪目明，志存高远。一本好书，就如夏日午后的清茶，淡淡的，让人沉醉，它可以在夏日里读出雪意，于山间闻到泉鸣。书在某种程度上说是社会文明的载体，也是人类进步的标志。

一本好书，可以改变人们看待事物的方式，改变人们的思维习惯，影响人们处事的行为方式，进而影响人们每天的生活，甚至可能会改变人一生的命运。古人所说："书中自有颜如玉，书中自有黄金屋"。书只有反复阅读，才能体会到其中的妙处，才能够从懵懂无知走向睿智豁达。爱迪生说："要让书成为自己的注解，而不要做一颗绕书本旋转的卫星，不要做思想的鹦鹉。"那就让我们先从熟读开始吧，做到每一本书都"书读百遍，其义自见"。

## 近水知鱼性，近山识鸟音

岁月催人老，但不要伤悲，别忘了老有所用。在老人的世界里有着丰富的为人处世哲学，其中"近水知鱼性，近山识鸟音"

一句尤为精妙。如果仅从字面意思来看，就是"临近水边，时间长了，就会懂得水中鱼的习性；深入山林，听得多了，就会辨别山中鸟的鸣叫。"再深入思考一下这句话，就会发现这句"老人言"我们可以从三个角度加以理解：一是，实践出真知；二是，做事专一，熟能生巧；三是，把握实践的主动性。

**启示一：实践出真知**

诗云："纸上得来终觉浅，绝知此事要躬行。"这句话也道出了"实践"的精髓。书本中的知识累积了前人的很多经验，能给我们带来很多启示。但通过读书间接获得这些经验虽然重要，自己亲身去实践，从中得来的第一手的知识，更能体现人生的大智慧。

明代李时珍可谓是"实践出真知"的典范，他少时阅读了大量古医籍，发现其中许多毒性草药，却被当作可以延年益寿的良药，以致遗祸无穷。于是，他决心要重新编纂一部医药书籍，就是后来的《本草纲目》。在编写此书的过程中，由于古籍上的那些记载大都不甚清楚，往往弄不清药材的性状，以致真假难辨。这让李时珍深切认识到，"读万卷书"固然很需要，但"近水""近山"的切身体会更是必不可少。于是，他既"搜罗万书"，又"采访四方"，深入山林进行实际调查。

李时珍穿上草鞋，背起采药筐，远涉深山密林，遍访名医宿儒，搜求民间秘方，收集药材标本，凡事必须亲自弄清楚才算罢休。例如蕲蛇，即蕲州产的白花蛇，入药有医治惊悸、抽搐等功用。李时珍起初对它的了解，只是从蛇贩子、捕蛇人那里打听到的一些只言片语，而对蕲蛇的形态、习性等一无所知。于是，李时珍决定亲自进山观察蕲蛇，他请捕蛇人带他去了蕲蛇时常出没的山上，进行实地观察。经过长时间的近距离的接触，李时珍在《本草纲目》写到蕲蛇时，就得心应手了，写得简明扼要："龙头虎口，黑质白花、胁有二十四个方胜文，腹有念珠斑，口有四长牙，尾上有一佛指甲，长一二分，肠形如连珠。"

从这则事例，我们知道要了解入药的药材，并不能满足于走马观花式的观察，而是要一一亲身实践，对照着实物进行比对，这样才能准确细致地描述药材。深入思考这个故事，可以发现"近水""近山"之后而能言的大道理：不要过度依赖"读万卷书"而要亲身"行万里路"，这样在做每件事情时，就容易把握该事物的发展规律，从而能够熟练掌握其处理方式。可能对于那些不亲身实践的外行人来说，是难于上青天的事情，对"近山""近水"的人来说，可能是得心应手之事。

**启示二：做事专一，熟能生巧**

在我们周围，有很多有目标有理想的人，他们努力，他们奋发，他们用理想去改变命运……但是由于在追求的路上往往会布满荆棘，他们就愈来愈倦怠、气馁，以致半途而废，一改"近山知鸟性"的初衷，去追逐"鱼性"，这样不仅不会成功，反而离成功会越来越远。试想，山中本无鱼，哪来的"鱼性"可言？如果他们能坚持久一点，如果他们能更高瞻远瞩一下，他们就会得到好的结果——"近水识得鱼性"。

再深入思考，我们在生活和工作的道路上，即使选对了合适自己的领域，收获了可喜的骄人成绩。但也不能抱着自己的长处，沾沾自喜，这也未免夜郎自大了，试想，在你的领域之外，还有千千万万的行业，每个行业都会有自己的"状元"，他们懂得的事很可能你根本一无所知。

**启示三：把握实践的主动性**

克雷洛夫说："现实是此岸，理想是彼岸，中间隔着湍急的河流，行动则是架在川上的桥。"

我们每个人都有自己的理想，理想使我们的内心充满对生活的热情，使我们在面对苦难的时候能够为了理想去勇敢面对，然而，我们必须在理想的基础上，迈出自己的步伐，勇敢去付诸实践，才能实现理想。我们到了水边，我们进了山林，我们不去观察鱼的嬉戏、摆尾，不去欣赏鸟的悦耳动听的鸣叫，我们怎么可能识得"鱼性"、"鸟音"？下面一则小故事将会告诉我们把握实践主动性的重要性。

一个穷和尚和一个富和尚同住在深山古刹中。

有一天,穷和尚对富和尚说:"我想去南海观世音那里去,您看我的这个想法可行不?"

富和尚不屑地问:"你凭什么去呢?"

穷和尚说:"一个紫金饭钵足够了。"

富和尚摇头说:"我多年想租船南下,都没能做到呢,你凭一个紫金饭钵怎么走?"

几年后,穷和尚从南海观世音处归来,修得正果。富和尚懊恼不已,很是惭愧。

在实现目标的路上,总会有很多困难,不过很多困难未必真如我们想象的那么难以克服,不过是自己在吓唬自己罢了。就像那个富和尚,他最大的问题,就是没有去坚持自己的梦想。他总把希望寄托在以后,而懒于行动,但是不去行动,就永远没有机会。就如,聋人闭塞耳朵,那外界再美妙的声音都不能入耳,也就不能唱出美妙的歌声。

有人说,人生就如同骑着脚踏车奔驰,如果你不前进,就会翻倒在地。我们必须在人生的大道上选对方向,先确定到底"近水"还是"近山"之后,相应地去"观鱼嬉戏"、"听鸟鸣叫",最后定能达到"知鱼性"、"知鸟音"的理想境界。

## 咬着石头才知道牙疼

老人言:"咬着石头才知道牙疼。"比喻只有当遇到挫折后才能真切地明白自己做错了事情。那么"牙疼"了怎么办?去记恨、诅咒"石头"或者一味地感叹自己的不走运吗?还是我们以后就不吃饭了?我们都知道这么想是错的,事实是不但不能这么想,恰恰相反,我们还应该感谢"石头",更应该从"咬到石头"中好好地总结经验教训,从而避免一而再,再而三地犯"咬到石头"的错误。

每当朋友职场不顺、生意失败或者生活遇到困难的时候,我们总会用"挫折是人生一笔宝贵的财富"、"失败是人生最好的礼物"之类的话来劝解、鼓励朋友。是的,在当今这个竞争激烈的社会,没有人会不劳而获,每个人都会遇到这样那样的困难与挫折。有句话叫"人生不如意十之八九",正是对漫漫人生路的真实描述。我们必须认清人生就是一段历练,就是一个不断感受失败的痛苦,并从痛苦中汲取经验,获得成长的过程。恩格斯说:"伟大的阶级,正如伟大的民族一样,无论从哪个方面学习都不如从自己失败所导致的痛苦中学习来得快。"这句话就是对这点最好的注解。

爱迪生是一名伟大的科学家、发明家。他从小就热爱科学,自己刻苦钻研，醉心于发明。爱迪生一生中，正式登记的发明达 1300 余种，其中很多发明大大方便了人们的日常生活，他因此也被称为世界发明大王。可谁又知道，这样一个伟大的发明家，从小因为家境贫寒，一生只在学校读过 3 个月的书。没有接受过正统教育的爱迪生，发明创造靠的不仅是聪明才智，更是艰辛的科学实践，他就是从一次次"咬石头"的经历中总结经验教训，才有了后来的成就的。例如爱迪生发明电灯时，为了找到合适的灯丝，先后实验过铜丝、白金丝等 1600 多种耐热发光材料，还实验了人的头发和各种不同的植物纤维达 6000 多种，光收集资料，就用了 200 本笔记本。这每个材料的背后都是一次实验失败的经历，我们可以想象，他在这过程中付出了多少。

当时很多专家都认为电灯的前途暗淡。英国一些著名专家甚至讥讽爱迪生的研究是"毫无意义的"，是"在做一件愚蠢的事情"。一些记者也报道："爱迪生的理想已成泡影。"然而，面对失败，面对有些人的冷嘲热讽，面对别人的质疑，爱迪生并没有退却。他说："我只是在多找到一种发明不出灯泡的方法而已。"他明白，每一次的失败，都意味着又向成功走近了一步。正是这千万次的失败成就了爱迪生一生的 1300 多种发明，成就了他"世界发明大王"的称号。

生活是多样的，有爱迪生那样能从"咬石头"中得到教训的人，也必然会有"咬石头"之后就立志不再吃饭的人。

相传，春秋战国时期，楚国有一个人走路去齐国，走出家门没多远，就因为路不平而摔了一跤，他爬了起来接着走，但是没走几步，又摔了一跤，于是他便趴在地上再也不愿意起来了。这个时候有个路人问他："你怎么趴在地上不起来啊？快爬起来继续赶路啊！"那人却说："既然爬起来还会跌倒，那我何不就一直这么趴着呢？这样我就不会再摔倒了。"

看了这个故事，你一定会认为这是一个可笑的楚国人，因为他被摔怕了，所以不敢再爬起来继续走路，因而他也就永远无法到达齐国。所以说，失败之后，你可以选择成为"爱迪生"，也可以选择成为"趴在地上不愿意起来的人"。既然在通往成功的道路上失败不可避免，那就勇敢地面对吧。只有这样，你才能成就自己，取得成功。

但我们也必须认清，成功并不是我们想象的那么简单。俗话说："台上十分钟，台下十年功。"可见通往成功的道路绝非坦途，必是一条充满荆棘的曲折道路。在茫茫人海中，绝大多数的成功人士都有一段倍感艰辛，不断接受挫折和失败打击的经历。然而他们在面对这些挫折和失败的时候都坚持下来，并总结经验教训，最终成就了自己更大的成就。

新东方英语培训学校创始人和校长俞敏洪先生于1962年10月出生在江苏一个农村,在江苏省江阴市第一中学上高中。历经3次高考才于1980年考入北京大学西语系。作为全班唯一从农村来的学生,俞敏洪开始因为不会讲普通话,结果从A班调到较差的C班。在学习上,也遇到了不少的困难,他进大学以前没有读过真正的"书",大三的时候又因患肺结核病而休学一年。终于,1985年他从北京大学毕业,并留校担任北京大学外语系教师,但因为在外从事第二职业,被北京大学毫不留情地给予行政处分。然而,他并没有被这些打倒,反而是重新振作,开始寻找新的自我。1991年9月,俞敏洪毅然从北京大学辞职,进入民办教育领域,开始追求自己的梦想,先后在北京市一些民办学校从事教学与管理工作。1993年11月16日,他创立了北京市新东方学校,并担任校长。从最初的几十个学生,自己一个人上街发传单、贴广告开始,踏上了新东方的创业过程。2001年,新东方教育科技集团成立,2006年9月7日新东方教育科技集团在美国纽约证券交易所成功上市。截至2011年5月31日,新东方已在全国设立了48所短期语言培训学校,6家产业机构,3所基础教育学校,1所高考复读学校,2所幼儿园,47家书店,累计培训学员1200余万人次。近年来,俞敏洪及其领衔的新东方创业团队已在全国多所高校举行上百场免费励志演讲,被誉为当下中国青年大学生和创业者的"心灵导师"。

  俞敏洪先生经历了多次高考落榜及后来当老师的种种不如意,最后才成就一番事业。从他的经历,我们可以看出在人生的道路上失败和挫折是不可避免的一件事情,只有勇敢面对,不断提高自己才能有一番作为。

  我们都见过一种叫作"不倒翁"的玩具,无论你怎么推它、按住它,只要一松手,它立刻又会直立起来。"不倒翁"的重心在下面,所以它永远都不会趴下。人生也是这样,失败与挫折不可避免,只有不断地经受这些失败与挫折,人才能变得更加坚强。所以我们应该记住,无论什么样的失败,只要你能够像"不倒翁"那样跌倒后又能马上爬起来,跌倒的教训就会成为有益的经验,并帮助你在未来取得更大的成就。

  既然失败与挫折是人生的必修课之一,那么,决定人生成败的就不是遭遇挫折的大小了,而是你面对挫折的态度。如果你选择逃避,"咬石头"之后干脆就不吃饭了,那么必将遭遇失败。如果能像爱迪生、俞敏洪那样,"咬石头"之后,不但不怨恨,反而感谢那"石头",并从这个过程中得到有益的人生经验,那么,你还会不成功吗?

## 要知山下路，须问过来人

据载，唐代长安城外有一位富甲一方的隐士，名叫张方之，字云游，他熟读古籍典史，精通音律，在当时深受风雅之士的尊敬，前来拜谒的各方人士也络绎不绝，可谓"盛极一时"。然而他丝毫没有表现出傲慢无礼的态度，相反，遇到疑难问题时，他会谦卑地向别人请教。

一日，门下的学生告诉他，远在千里之外的深山中，有一位知识渊博的老人，据传能倒背"四书五经"，深知天下之事。于是张方之不远千里，跋山涉水，用了大半年的时间，终于到了这位老人那里，取得一句"要知山下路，须问过来人"的真经。张方之听完了这句话，觉得很受启发，回去以后，更加虚心，不时向别人请教学问，终其一生都受到人们的尊敬。

故事中这位老人的"要知山下路，须问过来人"，从字面理解不难："一个人要想知道山下蜿蜒曲折的路到底通向何方，就应问问那些从山下过来的人，他们走过，熟悉路径。"深究一下，老人的这句话是要我们明白："世间的很多事，不是凭着自己一个人的力量，就能完全处理好的，我们遇到疑惑的事情或难解决的困难，一定要记得去向'过来人'请教，这样的话，我们在成功的道路上才会找到许多捷径。"

那么所谓的"过来人"是怎样的人呢?

他可能是一位智者,熟读中外典籍,识得天下之事。他也可能是一位拥有实践经验的人,踏遍五湖四海,尝尽人间冷暖。我们在此强调的是后者,一个有着丰富实践经验的人,他深知人生道路上哪条路是坦途,哪条路是险途,这是最为宝贵的经验,因为他走过,他知道其中的艰辛。他们是我们的良师益友,我们要懂得多与他们交流。这样我们在做事的时候,可以通过吸取他们的经验或教训,少走不必要的弯路。

人生的确有很多捷径,就看你找不找。一些事情,我们不需要劳神费力地去调查钻研,也能达到成功,那么秘诀就是"要知山下路,须问过来人"。很多时候,我们可能因为学识、阅历、生存环境等一些原因,限制了我们对一些事情的了解,遇到这种情况,最好的办法就是去向那些知道此事的人请教。只要我们懂得了这个道理,事情也就成功了一大半。要知道学会了一种办事的方法,那么很多事情就会迎刃而解了。

古语说,"问则得之,不问则不得",要想透彻懂得某种情况,就必须要向懂行的人请教。

孔子是春秋时期人,是我国古代伟大的思想家、教育家,也是儒家学派的创始人。然而孔子一点都不倨傲,他认为,无论什么样的人,也包括他自己,都不是一生下来就有满腹学问的。

一日，孔子前往鲁国国君的祖庙去参加祭祖大典，其间，他逐一向人询问所见到的不明白的事情。有人不解，"孔子也要请教别人？"孔子回答说："对于不懂的事，问个明白，这正是我知礼的表现啊。"孔子尚且如此，更何况资质平庸的我们呢？与其故步自封，不如多向人请教。

由古论今，现今社会中，我们也要养成乐于向有经验的人请教的习惯，不输于古人。我们经常看到，那些多问多看多学的人永远都是跑在时代前面的人。而那些故步自封的家伙，大都没有什么成就。有些人可能为此自怨自艾："我是这么努力，我觉得我这么优秀，可为什么不能取得成功？到底输在了哪里？"其实，那些成功了的人，是因为能够赶上时代，他们也许并不比普通人聪明睿智多少，但他们善于抓住机会，有一种乐于请教的态度，懂得向别人学习，当新挑战出现的时候，不知多少人把宝贵的精力白白地耗在故步自封的自我探索中，那些成功的人，则是低下身段，谦虚地向过来人讨教，在起点上，就已经迈出了一大步。

"要知山下路，须问过来人"，不仅是那些正在成功路上打拼的人要懂得这个道理，同样的，那些已经取得了一定成就的人，也应该识得其中的奥秘，不要以为自己取得了一点成绩了，而盲目自大，要知道天外有天，人外有人，人活在世上不可能仅仅凭着"一己之力"闯天下,总得有那么几个人生导师,否则人生的路是很危险的。

　　有这样一位颇负盛名的老画家,他的画作力求工整严谨,精益求精。在作画时,哪怕一处细微的远景陪衬,他也要描绘得惟妙惟肖,力求画作没有一丝一毫的瑕疵。起初,他的画风迎合了时代,得到了界内外人士的高度赞誉,但随着时间的推移,也许因为时代转换得太快,也许因为自己个人的原因,他的作品出现了很大的缺陷,他自己捉摸了许久,也没弄出个所以然来。他的一个朋友给他一个建议说,有一个年轻的画家以前遇到过类似的情况,不妨去问问他的意见。但这位老画家觉得自己去问一个后辈很没面子,就这样,他最终也没能解决自己作品的难题。时隔不久,这位老画家在界内就销声匿迹了。

　　我们可能会为这位老画家惋惜,但更应该看到不向有经验的人学习,是多么大的人生失误啊!你不要以为这只是不喜欢问别人而已,没什么大不了。其实不然,人生中一个不起眼的态度,可能就会改变我们一生的命运。不管什么时候,一定要记住,一个人的力量永远是有限的,每个人都不会比别人强多少。只有端正态度,懂得向别人请教,这样才能让你学到更多,也得到更多。我们要谨记"要知山下路,须问过来人",虽是一句古话,但道理永存,按照这个标准行事,将会一生受用。

## 一遭生，二遭熟

老人们常说："做人只要能勤快点，无论什么事情都不会被落下，做任何事情都能做得非常好，无论是工作上还是生活上。"古人亦云："一遭生，二遭熟。"说的也是这个道理。当然，也有老人进一步把这句话说成"一回生，两回熟，三回变高手"，更好地阐释了其中的含义。不过，无论有多少种说法，都表明如果要想成才都要"勤"字当头，勤才能补拙，熟才能生巧。

北宋时期，有一个射箭能手叫陈尧咨，他的射箭本领在当时几乎无人能比，陈尧咨也经常在朋友面前吹嘘自己射箭技术了得。有一天，陈尧咨在自家的后花园里表演射箭，不时地博得观众一阵阵喝彩。这时有个卖油的老翁放下挑着的担子，站在一旁静静观看，并不在意地斜着眼看着陈尧咨。陈尧咨果真是名不虚传，射箭技术可以说是百步穿杨，箭箭射中靶心，观众们都情不自禁地大声喝彩，而卖油老翁却也只不过微微地点点头表示些许的赞许。慢慢地，陈尧咨注意到了这位老翁及他对自己射箭技术的态度，心中很是不满，于是就跑到卖油老翁的面前，问道："这位老先生，您也懂射箭吗？看您那表情，难道说我的射箭技术不够精湛吗？"老翁说："这位壮士的射箭技术确实很好，但是我认为其实这也没有什么别的奥秘，只不过是熟能生巧罢了，有什么值得炫耀的呢？"陈尧咨听后愤愤地说："您怎么敢轻视我射箭的技术！"卖油老翁说："年轻人，你先别生气，我说的是经验之谈。我卖油已经大半辈子了，凭着我多年倒油的经验就可知道这个道理。其实你射箭和我倒油的道理都是一样的。"于是老翁取过一个葫芦立放在地上，又取出一枚铜钱盖在葫芦的口上，然后舀了一勺油，小心翼翼地把油勺一歪，只见那油像一条细细的黄线一样从铜钱的孔中直接流进了葫芦里去，却丝毫没有沾到铜钱。卖油老翁说："我这点手艺也没有什么别的奥秘，只是熟能生巧罢了。"陈尧咨见此，只好尴尬地笑着将老翁打发走了，从此更加努力地练习射箭技术，再也不在众人面前夸耀自己的箭术了。

无论是陈尧咨高超的射箭技术还是卖油老翁熟练的倒油技术，都经过了长期的锻炼，可以说是"台上十分钟，台下十年功"。任何过硬的本领都是练出来的，要想掌握一门技术，就要肯下功夫，只有勤学苦练，反复实践，才能做到"熟能生巧"。

"勤能补拙是良训，一分辛苦一分才。"自古以来任何伟大的成功和辛勤的劳动都是成正比的，有一分劳动才会有一分收获。日积月累，从少到多，才能做到"一遭生，两遭熟"。

中国科学院院士童第周先生是我国著名的生物学家、教育家，也是国际知名的科学家。他一直坚持实验胚胎学的研究达

50余年，是我国实验胚胎学的主要创始人之一。童第周先生出生在浙江省一个偏僻的小山村里。小时候因为家里比较贫困，童第周一直跟随父亲学习文化知识，一直到17岁才进入学校接受正规的教育。刚读中学的时候，童第周因为没有接受过正规的学校教育，学习十分吃力，结果在第一学期期末考试成绩下来的时候，平均成绩只有45分，当时学校甚至勒令他退学或留级。在家人的再三恳求下，校方同意他跟班试读一学期。此后，童第周"笨鸟先飞"，常与"路灯"相伴：天刚蒙蒙亮，他就已经在路灯下读外语了；晚上熄灯以后，他还去路灯下自修复习。果然功夫不负有心人，再次期末考试时，他的平均成绩达到70多分，其中几何成绩还达到了100分。这件事让童第周悟出了一个道理："别人能办到的事，我经过努力也能办到，世上没有天才，天才是用劳动换来的。"之后，这也就成了他的座右铭。

童第周刚开始进行科研工作的时候，工作条件非常艰苦，没有电灯，他就在阴暗的院子里利用天然光在显微镜下从事切割和分离卵子工作；没有培养胚胎的实验仪器，他就用粗陶瓷酒杯代替，所用的显微解剖器只是一根自己拉得极细的玻璃丝；实验用的材料蛙卵都是自己从野外采来的。就在这简陋的"实验室"里，童第周和他的同事们完成了若干篇有关金鱼卵子发育能力和蛙胚纤毛运动机理分析的论文。

## 老人言

新中国成立以后，童第周担任山东大学副校长期间，他研究了文昌鱼卵的发育规律，取得了很大成绩。到了晚年，他和美国坦普恩大学牛满江教授合作研究细胞核和细胞质的相互关系，他们从鲫鱼的卵子细胞质内提取一种核酸，注射到金鱼的受精卵中，结果出现了一种既有金鱼性状又有鲫鱼性状的子代，这种金鱼的尾鳍由双尾变成了单尾。

对于陈尧咨和卖油老翁而言，他们高超、娴熟的技术都是通过多年如一日的练习得来的，都是经过了"一遭生，二遭熟"的过程。其实学习任何技术，任何本领都必然要经过这样一个过程，就像一个婴儿在其学习走路的过程中，刚开始的时候他需要大人的搀扶，然后不断练习，而且会经常摔倒，但是只要经过练习，每个人都能学会走路、跑步。一个人如果想要成才，也和婴儿学步一样，必须要经过努力学习，而学习是一个日积月累的事情，唯有不断学习，才能使人知识渊博、富有智慧。

很多人之所以成功，并非因为他们天生聪明，而是因为他们善于使用"一遭生，二遭熟"、"勤能补拙"、"熟能生巧"等这些方法。比如童第周读中学第一学期平均成绩只有 45 分，经过努力最后也成为伟大的科学家。再比如我国数学家陈景润小的时候就非常木讷，甚至连自己的生活都照顾不好，伟大的发明家爱迪生小时候也不善言辞，但是他们都通过努力成为伟大的人。

无论一个人天生聪颖还是愚笨，只要经过努力都是可以成功的。但是如果他要想成才，要想成功，就需要有点精神，只有有了精神才会有动力。有了动力，有了成才的目标，只要坚信勤能补拙，就会赢得事业的成功，达到自己人生的光辉顶点

## 听君一席话，胜读十年书

日常生活中，我们经常听到人们说，"听君一席话，胜读十年书。"其实，这句话的原文是"同君一夜话，胜读十年书。"而且，这里面还有一个很有意思的传说。

深山古寺之中，忽然不知从哪传出悠远嘹亮的笛声，声声惊起沉睡的鹧鸪，三两只拍打着翅膀，一路鸣叫着渐渐远去，这夜更显得幽静。

月下纸窗内，一僧人、一书生伴着孤灯。

书生是进京赴考的，他只顾着赶路，眼看着天已经黑了，错过了客栈，没有地方投宿，只得到山中古寺中留宿。僧人告诉他，因为寺内近来香火冷清，也只能款待书生一些粗茶淡饭，虽然这样，书生也很感激，前去僧人住处答谢，寒暄之后，二人闲聊几句，僧人与书生聊得很投机。

僧人问书生说："先生，万物都有公母，那么，大海里的水

怎么分公母？高山上的树木怎么分公母？"

书生一下被问住了，寒窗苦读了十年，从没有看到哪本书籍记载此事。于是，书生虚心向僧人请教。

僧人说："海水中有波浪，一般认为波为母，浪为公，因为波小浪高，公的总是强大些。"

书生觉得道理，连连点头，又问："那树，怎么辨别是公树、母树呢？"

僧人说："公树就是松树，'松'字不是有个'公'字吗？梅花树是母树，因为'梅'字里有个'母'字。"

书生闻言，恍然大悟，觉得很有道理。

话说这事也巧了，秀才到了京城，进了考场坐定，内心忐忑地把卷纸打开一看，惊讶地发现，皇上出的题目，正是僧人那夜说的"万物公母"之说。书生很高兴，不假思索，一挥而就。

不久，皇榜之上，书生金科第一名。皇上特赐他衣锦还乡，路上他特地绕道去那日留宿的寺庙之中，答谢僧人，奉上丰厚的香火钱，还亲笔写了一块匾额送给僧人，只见上面题的是"同君一夜话，胜读十年书。"

从此，"听君一席话，胜读十年书"便传开了。

这个传说从本身内容来讲，就是一个仅供娱乐的小故事，不能当真的。试想，一国皇帝再荒唐也万万不会出如此荒诞的题目,就是皇帝有此想法戏谑一下治下的文人,那一国的治国谋臣,也断然不会同意。且不说这个传说的真假,仅仅"听君一席话,胜读十年书"这句话,就大有学问。学知识,并不就是埋头苦读,还要善于与人交流沟通,并且要与学识渊博的"良师"沟通,听他们一席教导,可能抵得过读很多本书。人生路上,如果想取得一番成就,成就一番大事业,与人沟通,得到"良师"的帮助,可能比什么都重要。

被誉为"短篇小说之王"的莫泊桑在文学上能取得如此大的成就,就与自己的"良师"是分不开的。莫泊桑的母亲对儿子期望很高,希望他在文学上能有好的成就。母亲算是他第一个"良师",她亲自教莫泊桑读拉丁文,以此启发、鼓励他写诗。但是,她也认识到自己的力量是有限的。儿子要想成才,必须有一位德高望重的好老师来指导。经过母亲的多方努力,最终,大文学家福楼拜答应指导莫泊桑的文学创作,莫泊桑经常也把自己的很多作品拿去给福楼拜阅读,福楼拜也提出自己的指导意见。后来,在福楼拜的严格教导和精心培育之下,莫泊桑成功地走上了文学之路。

福楼拜和莫泊桑师生之间的情谊,是世界文坛上流传已久的一段佳话。纵观古今中外,有所作为的人大多都有交心的朋友以及一两个"良师"。他们通过自己的努力,再加上高人的指点,终于取得了巨大的成就。

但我们也要注意，与人沟通，并不是每次都会遇到"良师"，也并不是每听一席话，都能胜过"十年书"。很多时候，我们可能会遇到对自己思想发展不利的人，这也是在所难免的。为了避免交到不利于自己的人，我们就要注意，在选择沟通交流对象的时候，一定要注重其内在素养，品格涵养以及学识思想，这些应该在自己的能力之上，交流起来才能学到对方的长处，从而提高自己。《论语·学而》说："主忠信，无友不如己者"，告诫世人交友择师要选择各方面能力比自己强的，才能对自己有益处。

那么，我们怎么才能避免交到不利于自己的人，交到之后又该怎么办呢？这时候，不妨学习管宁。

一日，管宁和华歆两个人一同在园中锄地时，他俩同时发现地上有一块金子，管宁看都不看，把它当成石头瓦砾，而华歆却拾起察看一番之后才扔掉。管宁认为华歆利欲熏心，并不是君子所为。

又一日，大门外有官员的官轿以及随从前呼后拥地经过，管宁当作没看见，仍然专心读书，但华歆忍不住放下书本跑出去看热闹。管宁认为华歆贪慕权贵，也不是君子所为，于是毅然对华歆说："看来你不是我的朋友。"并割断座席，与之断了交情。

因此，在现实情况下，不仅要与人沟通，还要懂得分辨别人观点的优劣。只有这两点都做到了，才能够达到听人一席话，胜读十年书的效果。否则，反而可能会适得其反，让自己变得更糟。孔子的"三人行，必有我师焉。择其善而从之，其不善者而改之"，讲得就是这个道理。

总之，如果要想成功，就要经常向知识渊博的"良师"请教，对他们提出的观点融会贯通；对他们提出的一些中肯的建议虚心接受。当然，也不能对别人的言论采取盲信的态度，也要学会分辨。只有这样，你才能学到比书本中更多的知识，才能体会到那种有人"指路"给你带来的方便，才能体会到"听君一席话，胜读十年书"的乐趣。与人沟通，与"良师"沟通，彼此思想得以交流，彼此心智得到提高，这本来就是人际交往中的一个至高境界。

## 好记性比不上烂笔头

民间有句谚语叫："好记性比不上烂笔头。"说的是不管一个人记忆力多好，都会有忘事的时候，如果能养成在纸上多写几遍，或遇事记下来的习惯，就会好很多。其实，这句话出自我国明朝著名文学家张溥的故事。

话说张溥年少的时候，天资愚笨，记忆力很差，在学堂读书的时候，老师说过的话，张溥经常是这个耳朵进那个耳朵出，一转眼就忘个干净。但张溥并没有为此气馁，反而读书愈加刻苦认真，心想："别人读一遍就能记住，那么我就读两遍。"一段时间之后，张溥发现这个方法虽然有效，但是效果并不是很理想。有一次，张溥又把老师教过的文章，忘了个干净，一个字也想不起来，老师气极了，罚他把文章抄写十遍。张溥心中十分不情愿，觉得抄写十遍也没什么意义而且浪费时间，但是最终他还是认真按照老师的要求做了。没有想到的是，到了第二天，张溥竟然能流利地背诵出了自己抄写的文章。张溥非常高兴，发现原来动手把文章抄多遍对加强记忆有这么好的效果。从此以后，凡是重要的文章或是自己认为很优美的段落，他都会主动地抄写几遍，这样很快都能背出来，而且以后写文章时，一些语段也能信手拈来。

无论对于学习还是对于日常工作而言，勤动笔做记录都是一个良好的习惯，做笔记有利于整理自己的思维，帮助我们学习和记忆。在日常的学习过程中，及时的做笔记，可以使注意力更加集中到学习的内容上，同时做笔记的过程也是一个积极思考的过程，可以充分地调动眼、脑、手一齐活动，促进对所学知识的理解，同时做笔记还有防止遗忘、方便查询等功能。

美国著名心理学家巴纳特为了研究在听课学习的过程中，

做笔记的学生与不做笔记的学生学习效果究竟有多大的区别，曾经以大学生为对象做了一个实验。他提供给大学生们一份大约有1800个单词的介绍美国公路发展史的学习材料，并且以每分钟大约120个词的中等语速读给他们听。实验过程中，他把参加实验的大学生平均分成3组，要求每组学生以不同的方式进行学习。第一组为做摘要组，即要求他们一边听课，一边摘出要点；第二组为看摘要组，即首先给他们提供已经做好的学习要点，他们在听课的同时就可以参考这些学习要点，而自己不用动手做笔记；第三组为无摘要组，只是要求他们听讲，不给他们提供学习要点，也不要求他们自己动手做笔记。当三组学生完成学习之后，统一对所有的学生进行回忆测验，检查对文章的记忆效果。

实验结果表明：第一组学生在听课的同时，自己动手写摘要做笔记，考试成绩最好；在学习的同时有学习要点可以参考，但是自己不用亲自动手做笔记的第二组学生考试成绩次之；而单纯听讲而不做笔记，也看不到学习要点的第三组学生考试成绩最差。

通过这样一个实验可以充分表明做笔记对学习的重要作用。也许有人会说"我的记忆力好用不着这么做"，但是在学习的过程中亲自动手去做笔记会起到事半功倍的作用。因为学习过程中，当一个人拿起纸和笔思考问题时，注意力很自然地高度集中，这样就有助于更全面地考虑问题，不但可以把学习的要点条理清楚的罗列出来，而且，还可以引出许多细节，帮助对所学内容更加深入的理解。相反，如果一个人只是呆呆地坐那儿想问题，思维就会很容易发散，不由自主就走神了，那么他就难以深入，全面地思考问题。

有这样一个视频，飞机正在机场跑道上滑行，做起飞前的加速，副驾驶员手中捧着飞行手册，依照手册上的顺序逐条朗读飞行指令，旁边的驾驶员则依照顺序，一边复述听到的飞行指令一边按照自己复述的指令执行动作，操纵飞机。其实每个驾驶员都可以说是身经百战，经历了无数次的起飞和降落。对于这样操作指令绝对是熟悉得不能再熟悉。可是他们为什么还要这样死板地对着飞行手册一边朗读，一边复述，然后才去执行动作呢？这就是我们俗话说的"好记性比不上烂笔头"。

"好记性不如烂笔头"这个道理已经说得很清楚，在日常的工作、学习中，做笔记不但可以加深你的记忆，提高你的学习效果，而且，还可以帮助你成为一个工作高效、办事有条理的人。所以从现在开始，让你的双手变得勤快，不要再吝惜你的纸和笔，随手记下生活中的点点滴滴，这些点点滴滴汇集起来必将成为你人生当中最宝贵的一笔财富。

## 井淘三遍吃甜水，人从三师武艺高

俗话说，"八仙过海，各显神通"。我们从事各行各业，有的人在这方面掌握了本领，取得了一定成绩；有的人在另一方面发挥了优势，取得了另一些成就；这都是与努力奋斗是分不开的。如果一个人做事不努力，什么本领没掌握，那么他只能失败，一生碌碌无为。但是一个人想取得更大的成功，成为社会的精英人才，仅仅掌握一种本领，就显得有点不够了。所谓"井淘三遍吃甜水，人从三师武艺高"说的就是这个道理。

"井淘三遍"就是多次反复将井底的泥沙挖出来，将井底的水脉疏通，如果泥沙被清理干净，井水会清澈见底，并无一丝污泥的味道，井水自然也就甘甜了许多。但若每次淘井均不仔细彻底，水还会甘甜吗？"人从三师"也是这个道理，仅跟随一位老师，只能学到一种本领，如果向多人请教，就可以掌握多种本领。"人从三师"还可以从多个角度弥补自身的不足之处，这样就可以更快地提高自身的素质，更好地发挥自身的潜能。但是如果我们"术业不专攻"地从学三师，只求师之名，不求师之艺，"画虎不成反类犬"，即便是从艺百师，自身也不可能有所提高。

"井淘三遍吃甜水，人从三师武艺高"我们可以从两个角度来理解这句话：一是，井淘三遍，精益求精；二是，人从三师，技高一筹。

### 启示一：井淘三遍，精益求精——"王羲之吃墨"

王羲之少时，酷爱书法，每天练字十分刻苦。几年下来，据说他练字磨坏的毛笔，堆积在一起竟成了一座小山，人们叫它"笔山"。他家的附近有一个清澈的小池塘，他经常在这个小池塘里刷洗毛笔和砚台，这个小池塘的水渐渐地变黑了，人们就把这个小池塘叫作"墨池"。

成年之后，王羲之的字有"行云流水"之势了，但他还是每天坚持练字，从不懈怠。一日，他仍然聚精会神地倚靠在书桌旁练字，可谓到了废寝忘食的地步。家里的仆人端上他最爱吃的蒜泥和馍馍，催着他趁热吃，他充耳不闻，埋头练字。仆人见没法劝服他，只好去禀告王羲之的夫人。等夫人和仆人来到书房的时候，惊讶地发现王羲之正把一个沾满墨汁的馍馍往嘴里送，弄得满嘴漆黑，自己还在低头练字，仍没察觉。原来，王羲之边吃边练字，眼睛还一直盯着纸上的字，竟错把墨汁当成蒜泥蘸了。

夫人又是气他，又是心疼他，上前对王羲之说："你一定要注意身体呀！你的字已经是很好了，为什么还要逼迫自己这样苦练呢？"

王羲之抬起头，回答说："我的字虽然算是不错了，可那都是效仿前人的技法派别，并没有自己的写法，我要自成一体，那就要下一番苦功夫。"

经过长时间的艰苦摸索,王羲之终于独创一体,造就了一种流畅的新字体。大家都称赞他的字如行云流水,像游龙那样雄劲矫健,他也成为我国历史上最杰出的书法家之一。

从王羲之吃墨的刻苦精神,我们可以明白这样的一个道理:"井淘三遍吃甜水",只有精益求精,努力刻苦,才能有所成就。

**启示二:人从三师,技高一筹——"宋濂冒雪访师"**

宋濂,明朝著名散文家,他自幼聪敏好学,不仅学识渊博,而且写得一手好文章,明太祖朱元璋赞其为"开国文臣之首"。

宋濂平时很爱读书,遇到不明白的地方总是要刨根问底地问别人。一次,宋濂又遇到了感到疑惑的问题,于是他冒雪徒步数十里,去请教梦吉老师。梦吉老师是有名的大学问家,不过他年事已高,早已不再收学生了。但宋濂觉得自己只要有诚意,一定会受到接见,就匆匆上路了。不过不巧正遇到老师外出,并不在家。宋濂并没有气馁,而是隔了几天之后再次拜访老师,但老师并没有接见他,宋濂只有在守在门外等候,深冬时节,天气格外寒冷,宋濂被冻得瑟瑟发抖,回去发现,脚上都是冻疮。当宋濂第三次独自拜访的时候,不慎掉入了雪坑中,所幸被人救起,没有大碍,老师被他的诚心请教所感动,耐心解答了宋濂疑惑的问题。这之后,宋濂为了求得更多的学问,增长自己的才干,不畏

老人言

艰辛困苦，拜访了很多名师，最终成为闻名遐迩的散文家，受到朝廷的器重。

我们一定要刻苦认真，有着"井淘三遍吃甜水"的精神，才能让自己更加专业，只有博学，爱问，乐于求知，有"人从三师"的意识，才能更掌握更多的知识。做到了这两点，才能更好地实现自己的人生价值。

## 千招要会，一招要好

现在流行着这样一种说法，做人就要一专多长。顾名思义，就是说首先要掌握并且精通一项技能，作为自己的核心资本；其次还要掌握多种其他技能，以适应高速发展的时代需求。老人们也常说："千招要会，一招要好。"

现今的社会竞争日益激烈，对人才的要求越来越高。一个人要立身处世，事业有成，能够做到紧紧追随时代的发展、与时俱进，仅仅有一技之长是远远不够的，更要求全面发展，提高综合素质，成为一名一专多长的复合型人才。有人说能做到一招精就可以，为什么还要求做到千招要会呢？

这是因为当今社会职业结构变化频繁，新的职业纷至沓来，旧的职业不断被淘汰，这是不可逆转的历史潮流。随着社会的进步，新的职业不停出现，迫使我们不得不打破长久以来的习惯思维，一个人不可能像以前那样一辈子待在某一个单位里，人在一生中可能变换多个单位，也有可能变换多种职业，关键要不断掌握新技能，与时俱进。而要跟上时代发展的脚步，就要有"千招要会"的基础，再加上终身不断学习，这样才能真正做到与时俱进，而不被淹没在历史的潮流中。

根据数据我们知道，我国的旧职业已经消失了约3000多个。每当有新的职业出现的时候，我们不禁想到那些渐渐消失在人们视线中的旧职业：几十年前，淘粪工被评为劳动模范还是一个重要的新闻，但是现如今淘粪工这个职业已经成为一个历史名词，取而代之的是现代化的专业机械设备；在电脑还没有普及的时候，抄写工也曾经是读书人的热门职业，打字员也是一项收入很高的工作，但是现在呢？还有几个人不会使用电脑、不会打字？甚至可以说语音录入的时代已经开始。再比如以前的"赤脚医生"走街串巷，也曾经为人们的健康做了很大的贡献并成为很多人谋生的手段，但是现在随着人们生活水平的提高，社会对公民健康越来越重视，"赤脚医生"已经淡出历史舞台，取而代之的是正规的医院。再比如以前的"理发员"成了现在的"美发师"，以前的"炊事员"变成为现在的"营养配餐师"……这不仅仅是名字的简单改变，更反映出这些职业对从业者技能更高的要求。

但是我们也要注意到，老人们早就说过"吾生有崖，而知识无崖"。在这个知识大爆炸的信息时代，人类的智力水平是很有限的，所以如果想掌握所有的知识那绝对是不可能完成的任务。因此我们在"千招要会"的前提下，一定要做到"一招要好"。

对于大多数运动员来说，一般每个人只练习一至两个项目就可以，练习全能的人是非常少的。我国著名的跳水运动员郭晶晶其实最初学习的是游泳，但是经过很长一段时间的学习都没有学会。后来她的教练就让她练跳水。没想到郭晶晶悟性很好，而且胆子也很大，教练于是看中了她，觉得她有跳水冠军的潜质。

1996年奥运会后，郭晶晶训练当中受伤，小腿骨折，等腿伤好了，离全运会只剩下短短五个月的时间。而郭晶晶却身高长了5厘米，体重增加了10公斤。为了能在全运会上取得好成绩，郭晶晶开始了魔鬼般的训练。每天6点起床，训练到8点才能吃早饭。中午，当别人休息的时候，她还要去跑步，下午和晚上继续高强度的训练，最终她体重下降并且跳水技术也达到了一个新的水平。

郭晶晶在跳水的职业生涯中，经历了连续两次奥运会的失败，骨折，改变技术等等挫折，直到2004年的雅典奥运会上，才最终取得奥运冠军。坚持不懈的努力，终于使郭晶晶成为世界著名的跳水运动员。

在各个方面都有一定能力，在某一个具体的方面能出类拔萃的人，即"复合型人才"，是最受欢迎的。这一类人的特点是多才多艺，能够在很多领域大显身手。当今社会的重大特征是学科交叉，知识融合，技术集成。这一特征决定每一个人既要拓展知识面又要不断调整心态，变革自己的思维，努力提高自身的综合素质。在这个竞争激烈的时代，社会越来越需要一专多长的人。"一专多长"也顺应了社会对复合型人才的需求。

现在大学毕业生越来越多，就业压力也是越来越大，我们经常会听到身边有人感叹：自己命运不好，没有深厚的家庭背景，工作前途渺茫。如古人云"时运不济，命运多舛。冯唐易老，李广难封"。是的，社会的竞争越来越白热化，作为这个社会的一分子，在个人职业生涯中，我们一般人很难改变这个社会和工作的环境。但是我们能够做到的是改变自己。努力培养自己成为一专多长的人才。学习就是一个改变我们人生命运的武器。如果你在技术业务上钻得深一点，学得广一点，做一个一专多长的多面手，一定能够左右逢源。有很多的工作岗位会选择你，或者是被你选择。人生旅途，华丽转身，何愁没有能够施展自己才能的舞台呢？

一专多长的学习，能够让我们更加充实，拓展我们的职业生涯，拓宽我们的职业道路，提高我们的综合素质。只要能够做到"千招要会，一招要好"，那么在我们的人生旅途上，路会越走越宽、越走越广！

## 千般易学，一窍难通

人生短暂，须臾几十年。在这有限的几十年间，我们能做的事情很多，但是能做好的却寥寥无几。这也就是老人们常说的"千般易学，一窍难通"的吧。其实，在人生道路上，接触一件事物，认识它的表面现象，懂得怎样去做这件事情并不困难，而要认识这个事物的本质，掌握它的内在规律，并不是一件容易的事。这就告诫那些正在人生道路上打拼的人，不要贪图"千般易学"，而要攻克"一窍难通"的困难。只有这样，我们才能从千般的行业中脱颖而出，因为我们手中掌握着别人不懂的"一窍"，有了这"一窍"，成功何难？

生活中，易学难精的例子不胜枚举。就拿大家常见的钓鱼来说，也许钓过鱼的人都有过这样的处境，和同伴并肩垂钓的时候，坐在旁边的同伴总是有鱼上钩，而自己却是一味"傻等"。还有明明有鱼上钩了，却出现竿断鱼走的遗憾。这种情况是应该怪自己运气不好，还是钓鱼工具质量不高呢？或许这都不是答案，因为这些可能都只是外因，真正的内因可能是自己的技术不到家。

钱四是一位钓鱼的资深玩家。他常说：钓鱼是件有学问的事，它涉及的知识范围很广，包括物理、地理、生物等多方面的知识。因为每到一处水域钓鱼都应该考虑该地区的环境，水的深浅，用哪一种鱼饵等。由于需要考虑的东西实在太多了，所以钓鱼本身就充满了挑战性和未知数，这正是钓鱼吸引人的地方。

人们常说只要有耐性就总会钓到鱼。其实，钓鱼除了讲求耐性还得讲求方法，不是一味静静地等待就能成事的。钱四说，能钓到鱼不仅关乎鱼饵还关乎钓鱼者的操作技术，如果熟练的话，就不会走鱼，不会断竿断线。钓鱼需要讲求技巧。钱四总结的经验是钓鱼时应该将鱼竿竖起一定的角度，借助鱼竿的韧性卸去一些冲力。因为鱼在水中时，一斤的鱼有着三斤的力，所以应该把鱼弄得筋疲力尽了再用筛子去捞。鱼没力时，借着水中的浮力和鱼鳔的充气上浮，十斤的鱼就相当于六七斤的鱼了。

对很多人来说，钓鱼是一件挺费时间的事，没鱼上钩还会觉得闷。钱四先生笑言他在其中获得不少乐趣。他说，钓鱼期间其实会发生不少的趣事，还经常发生一些鱼没上来人倒是先栽进水塘的事。当一个人钓鱼钓困了，就会疏忽大意。有时候等了半天，看到有鱼上钩了，他们就会很兴奋，身体也就不自觉地往前倾,而一旦失去平衡就成了"落汤鸡"了。他说就是他们参加钓鱼比赛期间,落水的事也是时有发生。因为比赛时用的竿是有长度限制的,竿不够长时,人就得尽量往前倾。人一激动,那肯定是落水没商量了。看到别人落水的窘态,周围人自然都会笑得不可开交。

钓鱼给了钱先生不少生活的乐趣,他说钓鱼还给与了他平静的心态。当他一坐在水边垂钓,他就会很快进入忘我的境界,并将一些烦恼的事情都抛开,一心只放在钓鱼的事上。

故事说了这么多,都旨在证明一点,钓鱼是件难事,也是件考验人耐性的事,但是掌握了要领,这件事不但会变得简单,还有很多乐趣,也能对修身养性起到很多增益效果。所谓千般易学,一窍难通。每个人都会拿个鱼竿放上鱼饵垂钓,但这所谓的一窍就是能保证你钓到鱼的技巧了。

懂得了掌握"一窍"对于自己的重要性,那么怎么从千般的行业中找出适合自己的那一项呢?那就是靠自己的努力,比别人付出百倍的努力。事情往往就是这样,你只要付出了,就一定会得到回报的,要想成功就必须努力。

社会上那些成功人士,哪个不是付出百倍艰辛才有现在的成就的?所以,为了成功,为了成就一份顶天立地的事业,就不要怕吃苦,持续做下去吧,有一天,你会成功的。

由上，我们可以知道，"千般易学，一窍难通"。对我们日常生活的影响。它不仅是告诉了我们一个道理，更是给我们的人生以指引。无论在学习上，自我定位上，还是日常的各种选择中，遵循这个道理，都能够让我们的价值得到更大的彰显。

## 莫道君行早，更有早行人

相信很多人都了解奋斗对于人生的意义，我们自己也确实每天都在奋斗着。但是，一般我们都更多地关注自身，而少去关注别人。所以，我们总是能看到自己的付出，却看不到别人的努力。当发现别人比我们强的时候，就会抱怨，就会不平，就会觉得人生失去了趣味；更有甚者，还会从此失去斗志，觉得自己无论多么努力，都得不到公平。

可是，仔细想想，真的是这样吗？我们真的比别人付出得更多吗？我们有没有真的去观察过别人的日常行事和付出的努力？恐怕，很多人都会说，没有。那么，这时候，我们就要仔细思考一下了。我们要静下心来想一想，自己是否真的像想象中的那么努力。

关于这点，我们可以先来看一个故事，看看别人是怎么去努力奋斗的。

## 老人言

欧阳修是我国著名的大文学家，位列唐宋八大家之一。连著名文学家苏轼也是他的学生，可见他的学问有多么精深。可是，你知道欧阳修的这些学问是怎么来的吗？靠天赋？靠领悟力？当然，这些都会有，但主要的还是靠他自己的努力。

欧阳修四岁时父亲就去世了，父亲没了以后，家里失去了依靠，变得异常贫寒，自然也就没有钱供他读书。可是，他们家是一个重视知识的家庭，他母亲觉得，人可以贫穷，但是不能没有知识。于是，就用芦苇秆在沙地上写画，教给小欧阳修写字。还教给他诵读许多古人的篇章。小欧阳修也很争气，他学习非常刻苦，虽然条件不好，但从不抱怨，而是每天兢兢业业，认认真真地写字、背书，知识积累也越来越多了。

到欧阳修年龄大些的时候，家里的书都早已经被他读完了，他便就近到读书人家去借书来读。当发现一本好书的时候，他还会把整本书抄下来，然后收藏。就这样，欧阳修凭借着夜以继日、废寝忘食的努力，一心致力于读书，才取得了后来的成就。

如今，很多学生都在抱怨自己的课业太重，抱怨没有时间去做些别的事情，还有的总是觉得自己已经很努力读书了，但成绩还是不好。他们不知道，其实原因不是出在别人身上，正是出在他们自己的身上。试想，如果他们能够做到像欧阳修那样，即使没有笔，在沙子上写字也要认真读书，还会有这样那样的抱怨吗？肯定不会了。所以，我们应该从刻苦奋斗的人身上学到东西，要明白，你本身认为的努力是没有多大意义的，跟人比较之后，发现比他人更努力才能说明问题。就像那句老话说的，"莫道君行早，更有早行人"。

其实人生就是如此，我们总是会高看自己一眼，会从自己的感受出发，得出一些结论，然后就把它们当作是真理。可是，我们的这些发现很多时候都是有很大的局限性的。

可是，相信还是有人会不以为然的，他们会觉得，欧阳修不过是个别的现象罢了。还会认为，时代不同，我们所处的环境不同，采取的应对方法也就应该不同。我们如今已经不需要像欧阳修那样了。可是，这里要说的是，虽然时代变了，环境变了，但是道理是不会变的。不管到什么时候，想要成功，想要有所成，就必须努力，而且还是要比其他人更加辛勤地努力。关于这点，除了欧阳修还有很多人都做得很好，下面，我们再举另一个例子。

孙康是晋朝人，从小就喜欢读书，可他家里很穷，父母没有钱供他读书，也没有钱给他买书。不仅如此，为了维持生计，孙康还不得不很小就跟着家人去干活。这样，孙康白天就没有读书的时间，可由于家里太穷了，晚上没有灯，孙康晚上虽然有时间，也不能读书。

老人言

于是，小孙康就去问父亲："爸爸，为什么别人家里有油灯，可以照亮夜晚，而我们没有呢？"父亲看了看年幼的儿子，回答说："灯油很贵，我们买不起，咱们要是买灯油的话，全家就都要饿肚子了。"小孙康听了后，若有所思地点了点头，从此再没提此事。

可是，环境的恶劣并没有阻挡住孙康求知的欲望，家里没书，就去借书读，屋里无光，就借着月光看书。

有一年的冬天，雪很大。夜晚的时候，月光皎洁，与地上的白雪交相辉映。孙康忽然发现，书上的字在雪地里突然变得很清楚。于是，他非常高兴，赶忙坐在雪地里看书，坐累了就躺在雪地里，借着雪的反射光线读书。此后，每当遇到下雪后天空出月亮，孙康都会不顾严寒，躺在雪地里读书，一读就是大半夜。时间长了，孙康的手脚都长满了冻疮，但是通过这种方法他读了很多的书，学到了很多的知识。最后，孙康终于学有所成，官拜御史大夫。许多人知道这个故事之后，感动得泪流满面，而孙康的故事，也被流传了下来。

看过这个故事后，是不是也会产生同样的感觉，那就是成功是来之不易的？是啊，任何东西都不会凭空从天上掉下来的，想想看，天上连个馅饼都不掉，还会掉给你成功的机会吗？那些获得成功的人，都是靠自己的努力去争取，去拼搏的。

如果你细心观察，就会发现，失败者们往往都有很大差异，他们的失败原因各有不同，但是，成功者们则不然，他们大都有很多相似的地方。而奋斗，就是其中一个。并且，他们都比一般人更能吃苦。就像欧阳修和孙康一样，虽然时代不同，方式不同，但他们的那股子奋斗的劲头是一样的。

如果你把自己的故事跟这些人比较一下，就会发现，那句老话"莫道君行早，更有早行人"，实在是太经典了。我们每个人都会觉得自己是足够努力的，都是行得早的，但是翻开那些成功者的履历，就会发现，他们比我们还要早。而他们，也正是靠着这种更早的精神，才有了后来的成就。从今天开始，努力奋斗吧，学习欧阳修的精神，学习孙康的精神，让自己做一个真正的"早行人"。

## 艺多不压身

成功的脚步可能是平缓而坚实的，这就如同玫瑰花的开放一样，先是一颗饱满的种子，再在阳光和雨露的滋润下抽枝发芽，再慢慢凝聚成一朵羞涩的花骨朵，最后才绽放成一朵鲜艳夺目的玫瑰花。

成功需要每天坚持，"不疾不徐"地稳步前进。在这个过程中我们要多尝试一些工作，多学一些本领，对我们以后的路有好处。姚雪垠的《李自成》中讲道："艺多不压身，日后你们要是不愿跟着老子去打江山，可以到南京去跑马卖解，也饿不了肚皮。"《歧路灯》第四十四回："这孙海仙说了些江湖本领，不耕而食，不织而衣，遨游海内，艺不压身。"用俗话说，就是我们通过学习各种技巧，提高自身生存的能力，这样，我们就能在这个激烈竞争的社会中，更好地立足。同时，在不断学习各种技能的过程中，我们可能找到更适合自己的岗位，找到自己的兴趣爱好，以便更好地实现自己的人生价值。这样我们也可以及时发现自己人生道路上一些错误的认识和决定，及时修正，以期实现一个完美的人生，何乐而不为呢？

晋代的祖逖是一个胸怀坦荡、具有远大抱负的人。可他年少的时候却是一个不爱读书、知识贫乏的少年。成年之后，他才意识到自己几乎没什么技能，深感这样的现状无以报效国家，于是就发奋学习各项技能，充实自己。他广泛阅读各种书籍，尤其对历史甚是着迷，从中汲取不少前人的经验，学问也大有长进。随着学问的增多，祖逖仍然感觉到只学习文化知识，是不能成为一个文武双全的治国人才的，于是在读书期间，也勤于练习武术，经过几载酷暑寒霜的努力，他的剑术也达到很高的境界。

功夫不负有心人，经过长时间的努力充实自己，祖逖终于成为文韬武略的全才，既能出口成章，又能骑马带兵，戎马倥偬。祖逖被封为镇西大将军，终于一腔热血，实现了报效国家的愿望。这也是"艺多不压身"的典范。试想，要不是掌握了文韬武略的多项本领，祖逖也不可能有如此大的成就，他的远大抱负也不能轻易实现，那也是一大憾事。

有这样一个小故事，虽然是逗趣的小笑话，但也给我们很多启示。

一天，乡下的老鼠徒步去看望城里的老鼠，两只老鼠见了面之后，分外高兴，乡下老鼠对城市的很多事物感到很新奇。于是，城里的老鼠决定带着乡下老鼠去见见世面，当两只老鼠走到一条僻静小巷子的时候，前面竟然出现一只大花猫，乡下老鼠一看见它，立马吓得瑟瑟发抖，身上的毛都竖了起来。城里的老鼠却很镇静，一点也不害怕，对着大花猫："汪汪汪……"学着狗叫声，大花猫听见之后，立马逃得没了踪影。

这时，城里的老鼠对乡下老鼠说："你看，掌握一门外语，是多么的重要！"

是啊，掌握一门本领是多么的重要，要是掌握多种本领，那不是更加重要。在这里，我们要学习城里小老鼠，多掌握一门本领，"艺多不压身"啊！

只有这样，才能让你在竞争日益激烈的社会中，有一席之地。"艺多不压身"不仅是一句口号，一个道理，更是一种智慧，一种实现自我的手段。如果你做到了，那么，不管走到哪里，你都会是一颗耀眼的明星。不管社会如何变迁，你都能够成就一番事业，当然，这个过程中可能会需要你付出很多，但只要懂得了"艺多不压身"的道理，你的付出定会得到回报。

## 不怕学问浅，就怕志气短

这里有两个小故事：

汉朝时有个大学问家叫孙敬，他年少的时候特别爱学习，记忆力也非常好，从小就立志做一个有学问的人，故而经常晚上读书到深夜。但是读书的时间长了，有时不免打起瞌睡，醒来后孙敬常常因为自己贪睡而懊悔不已。有一天，孙敬依然在书房里读书，当他抬头思考的时候，目光停在房梁上，顿时眼睛一亮，想出一个克服犯困的办法。他随即找来一根绳子，把绳子的一端系在房梁上，而另一端系在自己的头发上。这样，一旦他累了困了想要睡觉时，只要一低头，绳子就会猛地拽一下他的头发，产生的疼痛就会使他惊醒并且困意全无。从这以后，孙敬每天晚上读书时，都用这种办法克服自己的困意，发奋苦读，刻苦学习，终于成为一名通晓古今、博学多才的大学问家。

战国时期,有一个大谋略家叫苏秦,同时也是非常有名的政治家。苏秦年轻的时候,由于学问不深,虽然到过许多地方做事,但是都不被重视。回家后,就连他的家人对他也很冷淡,看不起他。这个事情使苏秦深受打击,所以,他立志要发奋读书。他常常读书到深夜,每当困意来袭想睡觉时,就拿出一把锥子,一打瞌睡,就用锥子在自己的大腿上刺一下。这样,就会突然感到疼痛,使自己清醒过来,坚持读书。

这就是历史上"头悬梁、锥刺股"的故事。这两个故事虽然是说刻苦学习的,但我们也能从其中看出其他方面的道理。两个人之所以要如此刻苦,就是因为觉得自己的学问浅。同时,他们如此刻苦,则是因为有一番成大业、做大事的志气。正是有这样一种志气,他们才会有这样的行为。由此可见要想达到一定的学问,成就一番事业需要从小就要立下远大的志向,培养自己坚强的意志并付出艰苦的努力。而这其中,立志是取得成功的关键因素,没有志气的人会随波逐流,也不可能会磨炼出坚强的意志,最终只能是碌碌无为一生。老人们常说"学在苦中求,艺在勤中练。不怕学问浅,就怕志气短",说的就是这个道理。

古代大思想家墨子有这么一句话:"志不强者智不达。"就是说没有远大志向、意志不坚强的人,学问也不会做得很好。一个有高远志向的人，为了达到一个坚定的信念，可以不顾一切，勇敢面对各种各样的挫折和困难，排除前进道路上的所有障碍，义无反顾，大步前进。

司马光是我国北宋时代的大学问家。他小时候可是一个贪玩贪睡的孩子，和哥哥弟弟们一起学习，因为记忆力比较差，为此他没少受先生的责罚和同伴的嘲笑，在先生的谆谆教诲下，他立志要改掉这些坏毛病。为了提高记忆力，每当老师讲完书，哥哥弟弟们读上一会儿，勉强背得出来，便一个接一个丢开书本，跑到院子里玩。只有他不肯走，轻轻地关上门窗，集中注意力高声朗读，读了一遍又一遍，直到读得滚瓜烂熟，合上书，能够不错一字地背诵，才肯休息。

为了克服睡懒觉的坏习惯，他就在睡觉前刻意喝满满一肚子水，结果早上没有被憋醒，却尿了床。后来聪明的司马光把圆木枕头放到硬邦邦的木板床上，因为圆木枕头放到木板床上极容易滚动。只要稍微动一下，它就滚走了。头跌在木板床上，"咚"的一声，他惊醒了就会立刻爬起来读书。司马光给这个圆木枕头起了个名字叫"警枕"。

司马光即使做了官之后还是刻苦的学习，一直坚持不懈，终于成为一个学识渊博的大学问家，并写出了《资治通鉴》这样的惊世之作。而这些，都是因为他有一个伟大的志向。

"有志者事竟成，破釜沉舟，百二秦关终属楚；苦心人天不负，卧薪尝胆，三千越甲可吞吴"。无论现在的学问是深是浅，只要有志气，就一定能够能成事情。相反，就算现在学问很高，但是没有远大的志向，也只会是原地踏步，最终会被其他人超越，因为"学如逆水行舟，不进则退"。因此我们说"不怕学问浅，就怕志气短"。

## 若得惊人艺，须下苦功夫

一朵娇羞的花儿，开在春风中，引来踏青游人的不断地赞美，但要知道，花儿如果没有经历种子最初的黑暗、破土而出的艰难，以及成长中所经受的风吹雨打，是不能开得如此娇美的。只有经历过地狱般的磨炼，才能练就创造天堂的力量；只有磨出茧的手指，才能弹出凄婉的绝唱。要知道"若得惊人艺，须下苦功夫"。著名科学家霍金就是很好的例子。

史蒂芬·霍金，1942年出生于英国。但不幸的是，在他青春年少时，就身患绝症，然而他并没有被病魔击垮，反而坚强不屈，战胜了病痛的折磨，成为一位举世瞩目的科学家。

霍金在从牛津大学毕业之后，就立即进入剑桥大学攻读研究生学位，这时他却被诊断出患了罕见的"卢伽雷病"。不久之后，霍金就完全瘫痪了，失去了行动的能力。1985年，不幸再次降临，霍金因感染肺炎进行了穿气管手术，从那之后，他就完全不能说话，只能依靠安装在轮椅上的对话机以及语言合成器与人进行对话；但他仍然坚持学习，看书要依赖一种机器帮助他翻动书页，读文献时需要请人将每一页都一一摊开在书桌上，然后他自己驱动轮椅挪动着去逐页阅读，即使这样，他也没气馁，坚持不懈。

霍金用我们常人都无法比拟的毅力，不断地探索，不断地前进，最终成为世界公认的科学巨人。霍金在剑桥大学曾担任过的卢卡逊数学讲座教授一职，他的黑洞蒸发理论和量子宇宙论不仅在自然科学界引起强烈的反响，并且对哲学和宗教也有深远的影响力。

勤奋出才能，勤奋出成果，成功必然要经历刻苦，刻苦是成功的敲门砖。正如爱因斯坦所说："人们把我的成功，归因于我的天才；其实我的天才只是刻苦罢了。"所有这些伟大人物的言谈和行动，都在告诉我们，"若得惊人艺，须下苦功夫。"我们也要认识到，付出不一定能有回报，但想要回报，就一定要付出。因为只有付出了，你才有机会，才有成功的可能。如果不思进取，害怕困难而不去付出，失掉的不仅是经历的乐趣，更是成功的机会。

## 常说口里顺，常做手不笨

爱迪生说；"天才是百分之九十九的汗水，再加上百分之一的灵感。"意思是说即使是天才也要流百分之九十九的汗水，再加上百分之一的灵感才会有成就。这就是勤奋的人们不断奋斗得出的至理名言。古今中外有成就的人不胜枚举，他们并非生下来就是天才，他们的才华也不是与生俱来的。他们的巨大成果都是通过他们不辞劳苦所取得的。这里所说的勤奋，也正是接下来要讲的，要常说常做，勤于动口和动手，正所谓："常说口里顺，常做手不笨。"

如果说梦想是成功的起跑线，决心是起步时的枪声，那么勤奋则如起跑者全力的奔驰，唯有坚持到最后一秒的，方能取得成功的锦旗。

司马迁幼年是在韩城龙门度过的。龙门在黄河边上，山峦起伏，河流奔腾，风景十分壮丽。这条中华民族的母亲之河滋养了幼年的司马迁。他常常帮助家里耕种庄稼，放牧牛羊，从小就积累了一定的农牧知识，养成了勤劳艰苦的习惯。在父亲的严格要求下，司马迁10岁就阅读古代的史书。他一边读一边做摘记，不懂的地方就请教父亲。由于他格外勤奋和绝顶聪颖，有影响的史书都读过了，中国三千年的古代历史在头脑中有了大致轮廓。

后来，他又拜大学者孔安国和董仲舒等人为师。他学习十分认真，遇到疑难问题，总要反复思考，直到弄明白为止。在父亲的熏陶下，他从小立志做一名历史学家。

一天，快吃晚饭了，父亲把司马迁叫到跟前，指着一本书说："孩子，近几个月，你一直在外面放羊，没工夫学习。我也公务缠身，抽不出空来教你。现在趁饭还不熟，我教你读书吧。"司马迁看了看那本书，又感激地望了望父亲："爸爸，这本书我读过了，请你检查一下，看我读得对不对"说完把书从头至尾背诵了一遍。

听完司马迁的背诵，父亲感到非常奇怪。他不相信世界上真有神童，不相信无师自通，也不相信传说中的神人点化。可是，司马迁是怎么会背诵的呢？他百思不得其解！

第二天，司马迁赶着羊群在前面走，父亲在后边偷偷地跟着。羊群翻过村东的小山，过了山下的溪水，来到一片洼地。洼地上水草丰美，绿油油的惹人喜爱。司马迁把羊群赶到草地中央，等羊开始吃草后，他就从怀中掏出一本书来读，那朗朗的读书声不时地在草地上萦绕回荡。看着这一切，父亲全明白了。他高兴地点点头，说："孺子可教！孺子可教！"

从20岁起，司马迁开始到各地游历，考察历史和风土人情，为他日后编写史书提供了充足的史料。做太史令后，他常有机会随从皇帝在全国巡游，又搜集了大量的历史资料，还了解到统治集团的许多内幕。他还如饥似渴地阅读宫廷收藏的大量书籍。就在他写《史记》的时候，为李陵说情触犯了汉武帝，被关入监狱，判处了重刑。司马迁出狱后继续写作，经过前后10年艰苦的努力，终于写成了《史记》。这部巨著，对后世史学与文学都有深远的影响。

人的才能不是天生的，是靠坚持不懈的努力，靠勤奋换来的。科学家诺贝尔就是很好的例子。

诺贝尔的父亲是一位颇有才干的机械师、发明家，但由于经营不佳，屡受挫折。后来，一场大火又烧毁了全部家当，生活完全陷入穷困潦倒的境地，要靠借债度日。父亲为躲避债主离家出走，到俄国谋生。诺贝尔的两个哥哥在街头巷尾卖火柴，以便赚钱维持家庭生计。由于生活艰难，诺贝尔一出生就体弱多病，身体不好。当别的孩子在一起玩耍时，他却常常充当旁观者。童年生活的境遇，使他形成了孤僻、内向的性格。

诺贝尔到了8岁才上学，但只读了一年书，这也是他所受过的唯一的正规学校教育。到他10岁时，全家迁居到俄国的彼得堡。在俄国由于语言不通，诺贝尔和两个哥哥都进不了当地的学校，只好在当地请了一个瑞典的家庭教师，指导他们学习俄、英、法、德等语言，体质虚弱的诺贝尔学习特别勤奋，他好学的态度，不仅得到教师的赞扬，也赢得了父兄的喜爱。然而到了他15岁时，因家庭经济困难，交不起学费，兄弟三人只好停止学业。诺贝尔来到了父亲开办的工厂当助手，他细心地观察和认真地思索，学到了很多知识。

1850年，诺贝尔出国考察学习。两年的时间里，他先后去过德国、法国、意大利和美国。由于他善于观察、认真学习，知识迅速积累，很快成为一名精通多种语言的学者和有着科学训练的科学家。回国后，在工厂的实践训练中，他考察了许多生产流程，不仅增添了许多的实用技术，还熟悉了工厂的生产和管理。就这样，在历经了坎坷磨难之后，没有正式学历的诺贝尔，终于靠刻苦、持久的自学，逐步成长为一个科学家和发明家。

诺贝尔的母亲去世后，他把30亿瑞典币——一生的财产，全部捐献给了慈善机构，只是留下了母亲的照片，以作为永久的纪念。后人为了永远记住他，以他的名字命名的科学奖，已经成为举世瞩目的最高科学大奖。

是什么使不起眼的小男孩变成举世瞩目的科学巨人？是靠坚持不懈的努力。

勤奋出才能，勤奋出成果，古今中外都不例外。王祯是中国著名的农业学家。他走遍了南北方的十七个省区，经过十几年时间，才编成了巨著《农书》。书刚问世不久，王祯就去世了。《农书》的规模宏大,范围广博。全书共三十七卷(现存三十六卷,另有编成二十二卷的版本,内容相同),大约十三万字,插图三百多幅。其中包括《农桑通诀》、《百谷谱》和《农器图谱》三大部分,既有总论,又有分论,图文并茂,系统分明,体例完整。

这样的例子不胜枚举。正如爱因斯坦所说:"人们把我的成功,归因于我的天才;其实我的天才只是刻苦罢了。"

著名的数学家华罗庚先生说:"勤能补拙是良训,一分辛劳一分才。"勤奋终能越过暂时的失败和挫折,而最后取得成功。

## 黑发不知勤学早,白首方悔读书迟

"燕子去了,有再来的时候;杨柳枯了,有再青的时候;桃花谢了,有再开的时候;时间逝了,却永远不能挽回。"是啊!时间飞逝,不可再来。我们要明白,珍惜时间,就是珍惜生命。因为"燕子"、"杨柳"、"桃花"我们可以明年再见到,唯独时间,逝去了,就不会再来。

颜真卿《劝学》中有这样一句话:"三更灯火五更鸡,正是男儿读书时。黑发不知勤学早,白首方悔读书迟。"年轻的时候不努力奋斗,学到一身本领,成就一番事业。到老了,一头白发的时候再去努力，再去学习，纵是悲伤难过，也是徒劳无益。这告诫我们应该珍惜现在的大好光阴。

古往今来，会有许许多多人，等他们到了白发苍苍的年纪，读到这首诗的时候，都会感叹自己蹉跎了岁月。如果时光可以倒流，他们肯定会珍惜时间。"黑发"所概括的是一个人人生最得意的时候，也就是从少年时代到成年时代，这个时期是每个人一生中最宝贵的时期。在这个时期，我们思维敏捷、激情澎湃、体力充沛、想象力丰富、勇于冒险，正可谓是"敢想敢做敢为"的大好时刻。遍观历史上有大作为的人，他们不管是在学业上的追求还是在事业上的成功，大抵都是在"黑发"时期实现的。一个人如果没有好好地利用这段宝贵的时间，实现自己的"理想壮志"，或者为实现自己的"理想壮志"打下坚实的基础，他这一辈子很难有所作为了。因为到了"白发"时期，即使你还有少年时的激情，勇气和信心，但可能会有力不从心之感了。珍惜时间莫浪费，人生能有几度青春可以任我们虚度？古代贤哲孔子说过："四十、五十而无闻焉，斯亦不足畏也已。"他的意思是说，如果人到了40岁，至多50岁，还没有做出一番事业，他一辈子也不可能再有什么更好的突破了。宋代名将岳飞在他的名作《满江红》里表达了他对人生的态度："三十功名尘与土，八千里路云和月。莫等闲白了少年头，空悲切。"他更以自己短暂而荣耀的一生，给予后人鼓舞和鞭策。

再看这首《明日歌》："明日复明日，明日何其多？我生待明日，万事成蹉跎！世人若被明日累，春去秋来老将至。朝看水东流，暮看日西坠。百年明日能几何？请君听我《明日歌》。"这首诗歌让我们明白：不要逃避今日，把万事都推到明日去做，而让无数个今日白白浪费的。耳边似乎传来"寒号鸟"在寒冷的冬夜微弱的叫声："寒风冻死我，明日就垒窝"。

茂密的大森林里住着一群无忧无虑的鸟儿，它们晨起歌唱，一天辛勤劳作。传说有一种鸟儿，名叫寒号鸟。寒号鸟全身长满了光滑绚丽的羽毛，十分美丽。寒号鸟为此骄傲极了，它整天摇晃着羽毛，飞到这棵树上闲逛一下，飞到那棵树炫耀一番，觉得自己是森林里最漂亮的鸟儿了，连凤凰也不能与它相媲美。

美好的季节过去了，秋风萧瑟，森林里的鸟儿们都开始各自忙开：候鸟们不畏艰难险阻，不远千里结伴飞到南方去了，准备在那里度过温暖潮湿的冬天；选择留在森林里度过冬季的鸟儿，整天辛勤忙碌，囤积过冬的粮食，搭建温暖的巢穴，为过冬做好积极的准备。唯独寒号鸟还在闲着晒太阳，既没有飞到南方去；也不愿辛勤劳动，搭建温暖的巢穴。它反而嘲笑其他的鸟儿，不及时享受现在温暖的阳光，去做那些无用的事情。它仍然是整日东游西荡的，炫耀自己身上漂亮的羽毛。

很快，树叶落光了，寒冷的冬天到来了，鸟儿们都躲到自己温暖的窝巢里，安逸地睡着。懒惰的寒号鸟没有巢穴。在寒冷的冬夜，它只好躲在石缝里，冻得浑身直哆嗦，不停地叫着："寒风冻死我，明日就垒窝……"天亮了，太阳出来了，温暖的阳光照耀着大地，寒号鸟却又忘记了夜晚的寒冷，心想：先享受阳光吧，明天再开始垒窝也不迟。等到了晚上，寒号鸟又开始叫了："寒风冻死我，明日就垒窝"。但是第二天它又把垒窝的事推到明日，明日复明日……日子一天天的流逝，寒号鸟始终没有履行自己的诺言，建造自己的巢穴。夜晚仍旧扑打着翅膀在寒风中哆嗦着"寒风冻死我，明日就垒窝"。春天还没来，寒号鸟已被冻得奄奄一息了，但嘴里还在微弱地喊着"寒……风……冻……死我，明日……"。

因此，时间对于每个人来说都很重要。要接受寒号鸟的教训，不要把什么事，都推到明日。今日的事情今日做，珍惜现下时间。不要"白头"再嫌时间少。

鲁迅先生曾说过："节约时间就等于延长一个人的生命"，鲁迅非常珍惜宝贵的时间。他的身体状况一直不是很好，加之，在那个年代，他的工作、生活条件都很恶劣，但他每天都要坚持写作到深夜，白天也很少有闲暇时间休息，实在困了，就和衣躺到床上打个盹，醒后泡一杯浓茶，抽一支烟，又继续写作。

让我们最好不要再感叹逝去的昨天了，因为不会再来；也不要把事情拖到明天，明天可能还有更重要的事等着你去做。我们最应该珍惜的是"现今"，一个我们唯一能抓得住的美好时间。正如文嘉先生所说："今日复今日，今日何其少！今日又不为，此事何时了？人生百年几今日，今日不为真可惜。若言姑待明朝至，明朝又有明朝事，为君聊赋《今日诗》，努力请从今日始"。把握现在，不要到老了才有"黑发不知勤学早，白首方悔读书迟"的感叹。

## 天才出于勤奋

所谓天才，就是努力的力量。没有加倍的勤奋，就既没有才能，也没有天才。

有句老话叫"天道酬勤"，也就是说天意总是厚报那些勤劳、勤奋的人。

迷信天意固然是虚幻的，但只要你付出了努力，你的一生就一定会向积极的方向转变。相信"工夫不负有心人"的真理，不投机不取巧，踏踏实实做人做事，你就一定能够成功。这个世界上，并没有真正的天才，有的只是一种天分，如果只依靠天分，就会越来越怠惰，越来越消沉，直至天分耗尽，最终一事无成。

勤奋却能够将天分变为天才，只有勤奋，才能让人永远追求进步，永不停息。

从某种意义上讲，推动世界前进的人并不是那些所谓的天才，而是那些非常勤奋、埋头苦干的人，是那些不论在哪一个行业都勤勤恳恳、劳作不息的人们。

人的一生是短暂的。一个人在短暂的一生中真正要成就一番事业，那就一定要勤奋。大凡事业有成者，无一不是对事业勤奋和执着的追求者。

勤奋出才能，勤奋出成果。勤奋是成功的支点。大千世界，五彩缤纷，人们很容易左顾右盼、见异思迁。但天才和灵感的女神，往往钟爱的只是不畏辛劳、甘洒血汗的勤奋者。我们应该看到，"勤"和"苦"总是紧密相连，如影随形。一切天才的机遇和灵感，从来都是以勤奋为前提的。勤奋不仅意味着吃苦与实干，而且必须持之以恒，百折不挠，才有可能叩开成功的大门。我国国画大师齐白石，年轻时就坚持每日作画，除身体不适和心情不好的几日外，无一日不动笔。正是这锲而不舍的勤奋，最终使他誉满世界。著名数学家陈景润，在六平方米的住处终日辛劳，奋战十年，在数学王国里为摘取哥德巴赫猜想这颗明珠做出了杰出贡献。勤奋便是他们成功最大的秘诀。实际上，"业精于勤"、"勤能补拙"，这其中的道理对任何人都适用。

有人说过世界上能登上金字塔的生物有两种：一种是鹰，一种是蜗牛。天资奇佳的鹰和资质平庸的蜗牛，能登上塔尖，极目四望，俯视万里，都离不开两个字——勤奋。

一个人的进取和成才，环境、机遇、天赋学识等外部因素固然重要，但更重要的还是自身的勤奋与努力。缺少勤奋的精神，哪怕是天资奇佳的雄鹰也只能空振双翅，望塔兴叹；有了勤奋的精神，哪怕是行动迟缓的蜗牛也能雄踞塔顶。

有一分劳动就有一分收获，"天才出于勤奋"是一条不灭的真理。

# 第二章

# 求知益智：生活是知识的源泉，知识是生活的明灯

——激活心中的无尽宝藏

## 若要好，问三老

生活中，常会听到有人讲，"若要好，问三老"。其实，这话是有出处的。"三老"最早是作为古代的乡官之名，周代时乡、县、郡先后设置"三老"一职，职责是管教化。"三老"一般是由德高望重的老人担任。战国时期，国家动乱不堪，民不聊生。闾里、县也都设有"三老"的官职，这从某种程度上可以反映出，"三老"对时代的重要性，越是社会动荡，越需要年老有经验人出谋划策。及至汉初，乡、县仍然延续前朝祖制，设立"三老"一职。

"三老"是一种职位，在理解上不能把它认为是三位老人，

其实是一位老人。每个乡、县均设一位"三老",县令等人若有什么疑难问题,都要一一向他请教,地位极高。但为什么称为"三老"呢?根据《礼记·文王世子》的记载:"三"是指三辰——日、月、星,意思是,德行像"日、月、星"一样可以照耀天下,能作天下人的楷模。所以从古代官职的命名上也可以看出,年长并有阅历的老人,是倍受尊敬并担当重任的。

《孝经》云:"天子尊事三老。"又据《白虎通义》:"王者父事三老,兄事五更者何?欲陈孝弟之德以示天下也。"所以天子也往往尊重并以礼相待"三老",这里三老并不是仅仅一种"官职"的代名词,已经成了"尊贤纳士"的一种态度。

依照古代礼仪制度,帝王向"三老"表示尊敬的时候,还要举行一定的仪式,对待这件事相当隆重。据《周书》载,周武帝宇文邕在太学殿堂上,举行敬"三老"于谨的仪式,他让于谨"南面凭几而坐,以师道自居",宇文邕反而西面"跪设酱豆,亲自袒割","三老食讫,皇帝又亲跪授爵以侑",随后"皇帝北面立而访道"。于谨说了些虚心纳谏的话以表示对帝王的教诲,"皇帝再拜受之"。从这个记载可以看出,古代君王对"三老"是多么重视,不仅要行跪拜之礼,还要亲自执酱豆、执爵,以大礼对待之。

后来人们也将有声望的老者称为"三老"。

班超是东汉时期杰出的战将，著名史学家班彪之子，其长兄班固、妹妹班昭都是历史上著名的史学家。班超胸怀大志，一向不拘小节。他博览群书，雄心伟略，能够及时按照时事权衡轻重，审察事理。

汉明帝永平五年，班超随兄班固到了洛阳，开始时以缮写为生。之后投笔从戎，欲效法张骞建功西域。后来，班超被任命为西域都护使，他以卓越的政治和军事上的才干，在西域的 31 年中，很好地执行了汉王朝推行的"断匈奴右臂"的怀柔政策，自始至终坚持采取争取大多数，打击、分化、瓦解匈奴势力的策略，因而每战必胜，每攻必取。不仅保障了黎民百姓的安居乐业，而且加强了与西域各族之间的联系，为我国多民族国家的形成和发展，做出了自己不可磨灭的贡献。

从戎 30 余年，班超已老，他在治理西域方面是"三老"级别人物，朝廷允许他告老还乡，颐养天年。任尚被任命接替他的职务，任尚前去拜访班超，问他治理西域的经验："我到任后要怎样统治西域，使他们听命于我？"班超回答说："你不能一下子靠武力强行使他们信服于你，所以我奉劝你几句，要知道，水至清则无鱼，为政也是一样的道理。对边境我朝百姓以及西域各族不能太苛刻，因为西域各国人们未受汉文化影响，思想尚未开化，在推行政策的时候，一定要讲求策略，凡是要大事化小，小事化了。"

任尚听了班超的这番话，心里很是不服气，"我还以为班超是一个多么有能耐的人，原来这么懦弱怕事，真令人感到失望。"

任尚上任之后，完全没把如同"三老"一般的班超的话当成一回事，他实行严厉的酷刑峻法，做事一意孤行，触怒了西域各国。不久，西域各族起兵进犯汉朝边境，此地失去和平，战祸连绵，生灵涂炭，民不聊生。

这也是任尚不听老人言的下场，班超毕竟治理西域30余年，对西域的人情世态都很熟悉，他给出的建议一定是宝贵的切身经验，任尚却不以为然，必定造成不良后果。

用现代话解释，要想把事情办好，就必须向有经验的老年人请教。老人随着岁月的流逝，会渐渐增长自身的阅历，阅历对于人生道路就是财富。我们遇到事，一定要多问，多听取老人的建议，听了会少走弯路。"若要好，问三老"。这句老人言也道出"好"与"问"之间的关系，这的确是指点迷津，开启智慧的箴言。

人生路途中，我们会遇到各种各样的坎坷，譬如我们常常会处在人生的十字路口，面对向四处延伸的道路，我们不知何去何从。这个时候，如果有一位引路人，告诉我们哪条路的风景更美，我们会更快找对方向，轻松到达自己的目的地。但如果我们不听取指路人的指点，习惯于凭主观判断，自作主张，盲目上路，最终往往是走冤枉路，更可能会迷失方向，再也找不到正确的道路，人生也就会偏离航向。

## 不懂装懂，一世饭桶

我们人生道路上会遇到很多疑惑的问题，要懂得多向明白事理的人请教，这样才能找到解决问题的捷径，要是"不懂装懂"，肯定会被人当作饭桶。孔圣人言："三人行，必有我师焉。"在我们身边，总会有能力强于自己的人，遇到问题，还愁没办法解决？我们要多问，多虚心请教。

古人云："师者，传道授业解惑也。"老师是什么？就是有我们人生道路上的引导者。在我们周围，有很多这样的老师，他可能是我们的长辈，也可能是我们同龄人，或者，他可能是比我们年少的人。遇到问题，一定要虚心请教，不要以不懂为耻，因为每个人都仅仅是在自己熟悉的领域内有所成就，不可能每个领域都精通。

这里讲一个孔子门生仲由的故事：

仲由，字子路，是孔子最为得意的门生之一。仲由少年的时候很顽劣，不爱读书，但自尊心很强，经常不懂装懂，闹出不少笑话。每次在学堂上课的时候，只要老师一提问，仲由立马就抢先站起来回答问题，但是他又不知道该怎么回答，于是，常站在那里抓耳挠腮很尴尬，大伙也经常笑话他。仲由这种"不懂装懂"的心态，经常被老师孔子的批评，渐渐地仲由也感觉到很惭愧，时间久了，就变得谦虚好学起来，一遇到不懂的就请教老师。

一天，孔子问仲由："你有没有听说过有六种美德，六种隐患呢？"

仲由回答说："没听过。"

孔子告诉仲由："喜欢仁爱而不喜欢学习，它的隐患是愚蠢；喜欢率直而不喜欢学习，它的隐患是尖刻；喜欢智慧而不喜欢学习，它的隐患是放荡；喜欢诚信而不喜欢学习，它的隐患是狭隘；喜欢勇敢而不喜欢学习，它的隐患是鲁莽；喜欢刚强而不喜欢学习，它的隐患是狂傲。"

仲由听完老师的这一番话，深知老师是要他知道学习的重要性，以后，他努力刻苦地学习，终于在学问上大有长进，孔子很高兴。

仲由跟随孔子周游列国回到鲁国之后，仲由出仕做官，实现了自己的才能。

在孔子的教导和熏陶下，仲由不但摆脱了自己"不懂装懂"的不良心态，而且最终也成为一名颇有才干的政治家。我们看到，正是仲由与老师切身交流，弄懂了自己疑惑的问题，从而明白了很多人生的大道理，这是值得我们学习的。不管我们今后在什么岗位上，从事什么职业，遇到问题，不能不懂装懂，应虚心学习，解决问题。这是一种为人处世的哲学。

## 头回上当，二回心亮

老人们经常会说："头回上当，二回心亮。"意指如果一个人被别人骗了，就要吸取教训，再次遇见此类事情时，就会心里清楚明白，不再会犯相同的错误。人活在这个纷繁芜杂的世界上，难免磕磕碰碰，这是谁也不可避免的事。莫要为了一时的失足，就自怨自艾。不曾想，这些坏事有时候也是好事。唐僧历经九九八十一难才取得真经，这也不可当真，小说毕竟是小说，只是虚幻的生活而已。在我们现实生活中，也并不是非要经历八十一难不可，这是说经历了一些坏事，从中吸取教训，从而一步步才成长起来，也能成功。从某种意义上说，坏事也是好事。但是有些坏事，经受了一次，并不接受教训，相反地还要一而再，再而三的经受，那样的话，就是愚钝了。所以我们一定要谨遵老人们的教诲："头回上当，二回心亮。"

在小学的课本上讲到过一篇乌鸦和狐狸的故事。狐狸想尽了各种办法骗走了乌鸦叼在嘴里的肉。时隔多年以后，乌鸦的智商也是今非昔比了。自从被狐狸骗走了到嘴的一块肉以后，乌鸦一直很后悔。有一天，乌鸦又得到一块肉。当它在一棵大树上歇脚的时候，碰巧又被出来寻找食物的狐狸看见了。

这时乌鸦想："真是冤家路窄，这次可不能再把好不容易得来的上好五花肉给了它了。"狐狸心想："真是踏破铁鞋无觅处，得来全不费工夫呀！好香的一块肉，乌鸦，这肉就你就准备'送'给我吧！"

狐狸眼睛骨碌一转，便想了一个主意，立刻向乌鸦带着同情的眼光说："乌鸦大姐，您母亲得了重病，正在动物医院抢救呢！您快去看看吧，不然以后可能都见不着了，我帮您拿肉在这等您回来，您看好吗？"

乌鸦想："说谎连个草稿都不打，我妈三年前就去世了，我哪来的母亲！肯定是想骗我的肉，我才不上当呢！"

乌鸦假装没听见，狐狸又想出了一个主意说："哎呀，乌鸦大姐，您家那边天气转冷了，您回去搬家，我帮您拿肉在这等您回来，您看好吗？"

乌鸦想："不可能的，出门前我看了今天到明天的森林天气预

73

报,我那不冷不热。狐狸一定是黄鼠狼给鸡拜年——没安好心。"

狐狸见乌鸦没有反应,又想:"不理我,哼,我用三十六计的苦肉计来对付你。"狐狸立刻装作可怜的样子努力挤出眼泪,泪眼汪汪地说:"乌鸦大姐,上次我偷你的肉是因为林子里的'巨无霸'来我家了,他打了我一顿不说,还要我给他拿一块肉不然就杀了我老母亲和刚生的一对儿女呀!呜——呜——这次我妈得了重病,医生说,要吃肉来补身子,不然就要死了!我儿子女儿也饿呀!"说完狐狸那鳄鱼的眼泪"哗"的一下就流了下来。

乌鸦有些被感动了,心想:"哎,狐狸还挺可怜的,自己妈得了重病,儿女又饿得慌。"可乌鸦又一想:"狐狸大妈不是早死了吗?还是和我们借钱办的葬礼呢,那钱到现在都还没还呢!他的儿女不是被送去孤儿院了吗?想骗我的肉,才没这么容易呢!你用三十六计的苦肉计,哼,那么我就用三十六计走为上计了。"

想好了之后,乌鸦拍拍翅膀飞走了,而狐狸呢,因为没有东西吃,饿得两眼冒金星连家都找不到了!

这个故事换成一句话,就是:"头回上当,二回心亮。"生活中,如果我们被人骗了,吃了亏,但是没有因此清醒过来,这对我们来说这肯定不是一件好事,还可能再次被别人骗,吃同样的亏。一次上当,情有可原,毕竟我们不可能把什么事情都看得很清楚，但是二次上当，甚至三次、四次，那就是我们的不对了，为什么我们不能从中吸取教训，以防备下次上当呢？如果我们能从中吸取教训，那就是一件好事了。

一个人在成长的道路上，也不是光靠自己亲身的经历，才能总结出一定的智慧。我们也要学会从前人或者其他人的经历中总结自己的教训。

教训是对挫折与失败的理性思考，它告诉我们的是"不该"。吸取教训，更加理性地分析产生问题的原因，从中寻找出带有普遍性的规律和特点，可以使我们对客观事物的认识更加准确深刻。教训既可以给遭受挫折的人留下避免再次失败的路标，同时又可以为他人留下前车之鉴。

从失败中吸取教训，善待教训，无疑是智者的选择。对一个能够正确面对成败的人来说，教训一样可以催人奋进，激励自己去不断拼搏进取，使事业更有成就。相反，不会从失败中吸取教训的人，迎接他的可能是再一次的失败。

一个人的人生之路不可能永远都是平坦的，被骗不要紧，要从被骗的过程中吸取教训，以免下次再犯类似的错误，做到"头回上当，二回心亮"才是重中之重。记住，只有在失败中吸取教训，将教训转化为自己的经验，才能在事业上走得更远。

## 饿出来的聪明，穷出来的智慧

司马迁曾在《报任安书》中写道："屈原放逐，乃赋《离骚》；左丘失明，厥有《国语》；孙子膑脚，《兵法》修列；不韦迁蜀，世传《吕览》；韩非囚秦，《说难》《孤愤》；《诗》三百篇，大抵圣贤发愤之所为作也。"意思是说，《离骚》《国语》《孙膑兵法》等这些人类智慧的瑰宝，大都是圣人或贤士为抒发内心愤懑而作的。这也是所谓"饿出来的聪明，穷出来的智慧"。

**智慧一：化逆境为成长的动力**

汉朝时，有位名叫匡衡的少年，他非常勤奋好学，但由于家贫，白天他必须出外给人家干一些杂活，勉强维持生计，只有到了夜里，他才能有空闲读书。但是，那时候，家里买不起照明的火烛，天一黑下来，读书就完全不可能了。匡衡为不能利用晚上空闲时间读书而非常着急。一天，他突然发现，邻居家一到夜里就烛火通明，很兴奋，心想，"这不是可以借邻居家的烛光读书吗？"

匡衡犹豫再三，有一天终于鼓起勇气，对邻居说："我想晚上读书学习，可我们家里实在买不起火烛，能不能让我到你家来借着烛火看书呢？"

邻居很吝啬，一向嫌贫爱富，非但没答应，而且很恶毒地挖苦匡衡说:"穷小子,连烛火都买不起,还读什么书呢!"

匡衡听后非常气愤,借地方读书不成,反受到邻居的侮辱,回去之后,他更下定决心,一定要把书读好,成就一番事业。

夜里仍然黑暗,不能读书,匡衡忽然心生一计,他悄悄地在墙上凿了个小洞,邻居家的烛光就从这洞中透到家里来。他就凭借着这点微弱的光线,如饥似渴地读起书来。

这之后不久,匡衡就把家里的书都读完了,他深感这些书是远远不能满足自己对知识的需求。于是,怎样多读到书,又困扰着匡衡。

匡衡家附近有一官宦人家,家里藏有很多书籍。一天,匡衡不顾家人劝阻,主动到这官宦人家的家里,请求那位官人说:"请您收留我在您家里做工,我不要工钱,只要您允许我读您家里的藏书就行。"这位官人看他很诚恳,就答应了他"做工读书"的要求。

匡衡就是这样人穷志不短,在逆境中仍然坚持勤奋学习,后来成为汉元帝的丞相。匡衡就是在穷困的环境中,找到自己的人生智慧——在逆境中,不要气馁,要化逆境为动力。

**智慧二:做越挫越勇的狮子**

在广袤的非洲大草原上,生活着一群狮子,狮子是王者的标准,那雄伟矫健的狮王更是威风八面。每一头雄性狮子都渴望成为狮王，可是狮王也不是生来就注定的，它们也是在与其他雄狮的一次次生死搏斗中获得自己无法取代的地位，一次次的拼杀造就了它们越挫越勇的坚韧性格，身上那一道道深深的疤痕，就见证了它们勇敢拼搏的成长之路。我们也要学习狮子的这样精神，为了实现自己的理想不畏艰难险阻，勇往直前。

美国第16任总统林肯是一个令世界为之叹服的传奇人物。他从小家境贫寒，7岁时，全家被赶出祖上居住的地方，流落荒野，只能住在临时搭建的窝棚里。但更不幸的是，两年后之后，他年轻的母亲去世，留下幼小的他。少年时期他开始四处帮人干杂活，换点零钱，贴补家用。到了23岁时，林肯开始活跃在美国政坛上，他参加州议员的竞选，宣告失败。于是他想学习法律，但也没能得成所愿，之后向朋友借钱经商，但也破产了，欠下很多的债务。

但林肯并没有在政治上善罢甘休，25岁时，再次参加州议员选举，居然成功了赢得了选票，成为州议员。好运似乎开始光顾这个被苦难折磨的年轻人。一年之后，他定亲了，可是在他喜气洋洋的准备结婚事宜的时候，未婚妻不幸去世了。这件事对林肯造成了很大的打击，他的精神几近崩溃，卧床半年身体才渐渐有了起色。

之后，林肯先后竞选了州议员发言人、州内土地局长等，并几次参加国会大选，都以失败而告终，但林肯并没有在这些失败的困境中畏缩不前，反而越挫越勇。在1860年，他51岁的时候，当选美国的总统。这对他来说也是成为狮王的荣耀时刻。

林肯对自己一生的评价："虽然心碎，但依然保持火热；虽然痛苦，但依然懂得坚定；虽然崩溃，但依然拥有自信。因为我坚信，对付屡次失败的最好的方法，就是屡败屡战，越挫越勇。"这也是林肯在逆境中学到的为人处世的哲学。

要知道，人的一生要走的路不可能是平坦的，总有一些挫折使你跌倒。跌倒其实并不可怕，可怕的是跌倒之后对人生的态度。是越挫越勇，哪里跌倒从哪里爬起来？还是就此失去了继续前进的勇气和信念？我们要学习林肯这种越挫越勇的狮子一般的精神，清扫前路一切的障碍。

**智慧三：化逆境为顺境**

大海中，一粒沙进入了蚌的柔软的身体，蚌刚开始觉得很难受，又没法自己把沙子弄出体外，时间一天天过去，蚌的痛苦也在加深，它有时候都觉得大海不再那么蓝了，因为身体那颗沙子使它极度崩溃。后来有一天，它突然觉得浑身舒畅了，似乎那颗沙子不再使它那么痛苦了。因为它突然悟出一个道理：与其这样整天痛苦，不如把这颗沙子看成自己身体的一部分，与它和平共处。

从此，蚌开始用自己的体液一点点把这颗沙子包裹起来，使这粒沙子不再那么粗糙，而渐渐变得圆润。有一天，蚌惊奇地发现，它开始时为之痛恨的那颗沙子，已经变成一颗通体发光的珍珠。

在面对困难的时候，如果退缩不前，从此颓废下去，那么必定会失败。如果能够从饥饿、贫困、失意、挫折中奋起，学到做人的道理，找到克服困难的方法，那么，必将会有所成就。就像例子中的那几个人一样，他们正是凭着"饿出来的聪明，穷出来的智慧"才会有后来的成就。

## 不经冬寒，不知春暖

挫折是每个人会遇到的，有的人面对挫折就打退堂鼓，不去勇敢地面对，而是选择避而远之。殊不知只有经历了这些磨难才会到达幸福的彼岸。失败是成功之母，面对困难，去勇敢地解决，去毅然决然地前行，只有这样才会成功。只有经历了风雨，才会看到彩虹，不经历冬寒，则就不知道春暖。就像歌词里说的那样："把握生命里的每一分钟，全力以赴我们心中的梦，不经历风雨，怎么见彩虹，没有人能随随便便成功。"

每一个成功都包含着无数的挫折与无奈，每一条通向成功的路上都洒满了数不清的辛酸和痛苦,每一条通向成功的路上都饱含着成功者的泪水和汗水。

"天下没有免费的午餐",生活中也没有所谓的一帆风顺。要想学会走路,就要先学会摔跤,跌倒后再爬起来,再跌倒再爬起来。只有明白了跌倒的疼痛,才能成功地站起来,大踏步地前进。

海滩上,有一大一小两只蚌相遇了。小蚌见大蚌神情非常的沮丧,一副痛苦不堪的样子,便关心地问道:"伙计,你有什么不愉快的事吗?"

大蚌答道:"唉,别提了,前几天,我一不小心,让一颗沙砾跑进了我的身体里,粗糙的沙砾不断摩擦着我的身体,那种难言的痛苦,简直让我生不如死啊。"

"天哪,你也太不小心了,瞧瞧,你现在正承受多么巨大的痛苦啊。我一定要加倍小心,绝对不让任何异物进入到我坚硬外壳的防线内。"

这时一只海龟听见了它们的对话。"朋友们,你们知道如果沙粒跑进了你们的身体里会产生什么吗?"海龟向两只海蚌打招呼。

"除了令人难以忍受的痛苦,还会有什么呢"小蚌说道。

"是呀,除了撕心裂肺的疼痛,还能有什么新鲜玩意?"两个海蚌冷冷地白了一眼海龟。

"哦,朋友,我非常理解你的心情,此刻你感到非常痛苦,但你也许不知道,此时此刻,你的身体里会自动分泌出'珠母质',它们会一层一层地将粗糙的沙砾包裹起来,而若干年后就将会形成大海中最动人、最璀璨的珍珠。"

经过了痛苦的折磨,珍珠才会产生,珍珠之所以美丽不仅是因为它光彩夺目,更是因为它经过磨难,珍珠最有价值的地方也在于此。一颗精美的珍珠,必然经受过蚌的肉体无数次蠕动以及无数风浪的打磨,才能熠熠生辉。

辽阔苍穹中自由翱翔的老鹰,是经历了无数次跌下山崖的痛苦,才锤炼出一双凌空的翅膀。挫折是人生的一笔财富,是促使成功的一剂良药,不经历磨难的人生,怎么可能会散发出夺目的光彩呢?冬寒过后才能感受到春日的和煦,而风雨之后才能看见彩虹。

2005年感动中国的人物洪战辉说:"承受越多的苦难,你就会成长得越快,经历越大的撞击,你就会变得越发坚忍。"人生需要迎头迎接风雨,并呼喊让暴风雨来得更猛烈一些,因为风雨过后才会有彩虹,没有人可以避免失败,失败是通往成功路上必不可少的经历。想要做成一件事,就必须先学会正确对待失败的打击,并且要把失败当作成功的垫脚石。

有一个人遭受了挫折,他整天都闷在房间里。几个朋友劝他出去爬爬山散散心。于是这个人就跟着朋友去爬山。当他们开始爬山的时候还是阳光灿烂,可是爬到半山腰时却乌云密布,下起了倾盆大雨。这个人一看到下大雨了,就失去了爬山的兴趣,并想马上下山。朋友们说:"既然来了,就坚持到底吧,再说衣服也淋湿了。"于是他就很不情愿地跟着朋友们继续上山。快到山顶的时候,雨不知不觉地停了。他们站在山顶上看四周,虽然山腰被乌云所笼罩,但是峰巅的景色特别美丽,这是平时看不到的。

其中的一个朋友说道:"我们已经站在有雨的云层之上,所以能够见到阳光。如果我们刚才犹豫了不继续往上爬,就欣赏不到此番美景。"

这个人听了朋友的一番话,顿时豁然开朗,并由此感悟人生,走出了烦恼和痛苦的苦海。

许多人一陷入苦难,就非常悲观失望,心生抱怨,并给自己施加特别重的压力,其实抱怨是另一种苦难的开始。如果在苦难之中放松自己,就可以得到另一种东西,因为彩虹总是出现在风雨后,不经历苦难,就会看不到美丽的风景。

一天,一个人碰巧看到一只飞蛾正在破茧,出于好奇,他便一直耐心地观察。这只飞蛾十分艰难地将躯体从那道小口子中一点点地挣扎出来，一个小时过去了，两个小时过去了，三个小时过去了……飞蛾已经精疲力竭。但是无论飞蛾怎么奋力挣扎也无法摆脱茧的束缚，这个人因此觉得它肯定出不来了。

于是，他决定帮助一下这只可怜的飞蛾。他拿来一把剪刀，小心翼翼地将茧破开一道非常大的裂口，这个裂口足以让飞蛾轻易地钻出来。结果，那只飞蛾很容易地从茧里爬了出来。但是，它的身体是十分臃肿的，翅膀也瑟瑟地紧贴着身体。

这个人等着飞蛾飞起来，却见它只是跌跌撞撞地往前爬，怎么也不能打开翅膀。又过了一会儿，它就死了。这个人怎么也不明白，这是为什么？

原来，飞蛾在由蛹变茧时，翅膀萎缩，十分柔软，而当破茧而出时，必须要经过一番痛苦的挣扎，使身体上的体液流到翅膀上，翅膀才会变得坚韧有力，只有这样，出来以后才会飞翔。

这只飞蛾因为没有受到那一番痛苦的折磨而最终死去，没有得到破茧化蝶的壮丽。

总之，要想感受春天的温暖，就要先体会冬天的寒冷，要想成功就一定要品尝失败的滋味。只有经历了无数次的磨难后才会是真的人生。

## 第三章
# 事理规律：风不来树不动，
# 　　　　船不摇水不浑
——掌握规律，从容人生

### 强将手下无弱兵

很多人都应该听过这样一个比喻："一头狮子带领一群绵羊，经过一段时间之后，发现每只绵羊皆有如狮子般勇猛的性格。那么反过来，一只绵羊带领一群狮子，久而久之，每头狮子都是会变得和绵羊一样的温顺，失去了斗志"。这就是"强将手下无弱兵"的道理。

何为"强将手下无弱兵"？

根据《辞海》解释，将，即将领，是领兵的将领。兵的含义是武器、战士、或与军事战争有关事物的统称；兵可以指单独某个个体，也指兵团部队。"强将手下无弱兵"也就是说英勇的将领部下没有软弱无能的士兵，比喻好的领导能带出一支好的队伍。强将相当于一个优秀的领导者，他必须有很强的结果导向，以及敏锐的判断力等能力，而他领导的团队在发展过程中必然会优胜劣汰，弱兵总会被强兵取代。

"强将"不仅指自身强悍，屡立战功；而且也指的是懂得用人之道，懂得把合适的人放在合适的位置，使他们充分发挥自己的才能，从而变得更加强大。真正的"强将"能激卒成将，使手下的每个人都能独立作战，发挥出更大的潜能，取得更大的成功。

将和兵是一个团体中的不同分工，将是决策者，兵是行动者。强将之所以为强将，是因为在决策方面有其独到之处。而兵作为执行者，在整个团队中是不会以个体形象出现的，他只是构成团队的一个分子。一个出色的决策者手中必然会有一个高效运作的团队，如果失去了这样一个团队，那强将也就不能称为强将。将之强，也就是团队之强，团队之强，靠的是个体之强。

我们都知道岳飞，南宋著名的将领。他背刺着母亲期望着的"精忠报国"，心怀收复中原的赤胆忠心，带领着他的岳家军，打得金将闻风丧胆，节节败退。如果仅靠着叱咤风云的岳飞将军自然不能够取得一次又一次的成功。正是由于岳飞的优秀影响了整个岳家军的每一个士兵，再加上岳飞的卓越才能，对待士兵纪律严明，赏罚得当，没有一个士兵不服，没有一个士兵不从，怎能不造就出一个强兵满营的岳家军呢？同时，这样一来，强将手下有强兵也就是一种必然了。

除此之外我们还可以从哲学的角度分析。退一步想，从士兵的主观因素分析，假设士兵的身体素质极差，甚至所有士兵都是老弱病残，那么很容易想象强将手下也未必是强兵了。众所周知：事物是普遍联系的，事物之间是互相影响相互作用的，要保证团队的有效运作，在内部个体之间必然将有一套良好的竞争淘汰机制，这也是对将之强的一个考验，没有能力管理好自己的团队，清除害群之马的将，是不能被称为强将的。一个强将要完全可以依靠他的军事才能训练，改变他的士兵。正所谓，兵熊熊一个，将熊熊一窝，强将手下无弱兵。

很多人自己很强，但是不会用人，这样的人是不能称之为强将的。

吕布就是一个例子。

关于吕布的评价很多。陈寿评价："吕布有虓虎之勇，而无英奇之略，轻狡反复，唯利是视。自古及今，未有若此不夷灭也。"曹操评价："布，狼子野心，成难久养。"

吕布的一生，虽然有轰轰烈烈的开始，但最终没能成就一番事业。这跟他的用人之道有关。吕布生性狡诈，为人反复无常，唯利是图，注定了其能称雄一时而不能称霸一世。在三国中，吕布堪称是天下无双的一流武将，曾在虎牢关大战刘备、关羽、张飞三人，也曾一人独斗曹操军六员大将，武艺超群。曾有人作诗称赞吕布："切切情长总是痴，英雄无奈醒来迟。一从赤兔奋蹄去，万古唯留驻马石。养虎饲鹰不自值，志节何必更曾失。应知大耳多无义，枉论辕门射戟时。至今念念思悠悠，血染连环未忍收。多记虎牢龙起处，何来三姓与人留？"

吕布擅长骑射，臂力过人，号为飞将，闻名于并州。吕布虽骁猛善战，然而无谋而又多好猜忌，又易听信谗言，也不善于用兵，手下虽有张辽、高顺等猛将跟随，但却未尽其用，曹操围困大军三个月，手下离心离德，并出了侯成、宋宪、魏续等反叛小人。吕布的一生悲惨的下场看来，"强将"虽然勇猛，却没有调教出强兵，结果被曹操大败并被斩首。

从吕布一生的轨迹中不难发现，吕布智商肯定异于常人，不然他不会有如此高的武艺；吕布情商也不输于他人，不然他不会赢得美人"貂蝉"的垂青。这就出现了一个悖论，为什么如此出色的一个人物，却是这样的悲剧人生？简单总结一下：没有战略眼光和战略思考能力，唯利是图，不懂用兵之道。

"强将手下无弱兵"，也不能一概就认为，"将"总比"兵"强。有可能有这种情况，"强将"手下的兵一度比"将"能力强大。这时，如果"强将"本身嫉贤妒能，像《水浒传》里面，假面书生王伦容不得林冲一样，强兵就当然无法在其手下安身。在现实生活中，形形色色的王伦之流难道还少吗？他们喜欢忠实听话的奴才，重用庸才，容不得人才。虚怀若谷的"将"恰恰相反，他们善于使用比自己更强的人，为自己所用，对自己成功有利的人才，干吗舍弃。实际上，善于用强者才是更强者，这才是真正的"强将手下无弱兵"的精髓所在。吕布的问题也正在这里。

一个人要想让自己也成为强者，就要拥有一种"向强者学习"的精神，只要对方是强者，就要表示应有的尊重，并向他学习。只要拥有了这种强大的精神，就会不断地追逐强者，使得自身不断进步。

因此，我们应该知道，如果你是一个"将"就要有容人之量，有用人之能，只有这样，你才能成为强将，带出强兵。当然，大多数时候，作为一个普通人，很少有成为"将"的机会，这时候，就需要找一个领路人了，也就是找一个"强将"来带领我们，帮我们成长，即使做一个兵，也要做最强的"兵"。只有我们处在一个有竞争力的环境，我们的身边都是"强将"和"强兵"，才能够让我们学到更多的东西，也才能取得更大的成就。

## 上有所好，下必甚焉

大汉王朝的一代明君光武帝曾说过："治理好一个国家的关键在于上位者是否具有道德上的大智慧，是否懂得用仁爱去滋养黎民的心，而不是助长一种唯利是图的不良风气；评价一个国家的标准，在于老百姓是否能安居乐业，而不是国库有多少存金。"他深深地懂得这样一个智慧："上有所好，下必甚焉"，在上位者，如果把老百姓安居乐业作为头等大事，国家便兴旺发达；而当上位者只是一味地追逐自己利益的时候，天下就会陷入困苦和动乱之中。

"上有所好，下必甚焉"一句出自《孟子·滕文公上》："上有好者，下必有甚焉者矣。"其字面意思不难理解："处于上位的人喜欢什么、爱好什么，下面的人就会效仿，一定会喜欢得更厉害。"乍听起来，这话平白无奇，或许当年孟老夫子说出这话，只不过是对当权为政者的一句劝诫罢了。然而仔细研究一番，我们就会发现这是一句"非先贤不能道也"的至理名言。寥寥一句，便高度概括了"治国平天下"之道，便将当政当权为官为尊者的个人爱好与一国一地一个群体的风化风气之间的关系说了个透彻，切中要害。

"上有所好，下必甚焉"，古来有之，如：楚王爱细腰，宫中多饿死。

"昔者楚灵王好士细腰，故灵王之臣皆以一饭为节，胁息然后带，扶墙然后起。比期年，朝有黧黑之色。"用通俗的话讲，就是古时候，楚灵王喜欢腰细的人，为了投其所好，他的大臣们为了纤细自己的腰。每日惶恐，不敢吃太多的饭，就怕腰部臃肿，失去帝王的宠信。而且每天上朝之前，都先吸气收腹，屏住呼吸，然后把腰带束紧，扶着墙壁勉强站起来。到了第二年，满朝文武大臣，脸色都是变得黑黄色，呈现严重营养不良的状态。试想，大臣们连自己的身体都羸弱得不行，哪有心思去帮助帝王处理国事，后果可想而知。

也正因为这"上有所好，下必甚焉"的道理，古今贤哲从未间断地劝诫君王或在上位者"率身垂范"。作为在"上位者"，治国平天下，要少些权贵虚荣心，多一些爱民之心，以身作则，在思想和行动上起表率作用。

## 辅车相依，唇亡齿寒

熟悉中国历史的人都知道"辅车相依，唇亡齿寒"的故事，也明白其中蕴含的道理。我们不管所处在怎样的社会中，都不可能仅靠一己之力，就能生存下去的。我们必须或多或少与周围的环境发生这样或那样的关系。这个世界就是一个相互间利益交织的复杂体，一旦你牵扯到其中的某一根脉络，其他的脉络也必然跟着动。渔夫们住在湖边，靠捕鱼为生。那么渔夫和鱼之间就是一种"辅车相依，唇亡齿寒"的关系。一旦湖中的鱼被过度捕捞，那么湖中就没有鱼了，那么渔夫还靠什么养活自己。因此渔夫在捕鱼的同时，一定要懂得不能竭泽而渔，不能贪得无厌的道理，这样，鱼才能源源不断，生活也能继续下去。

但是，我们之中有很多人，就不懂得这个道理，最终酿成苦果。

春秋时，晋献公想要扩充自己的势力范围，就找借口说，虢国经常骚扰晋国边境的百姓，要发兵灭了虢国。可是在晋国和虢国之间隔着一个虞国，晋国的军队要想讨伐虢国，就必须借道虞国。一日，晋献公问殿下的大臣"攻打虢国，我国将士怎样才能顺利通过虞国呢？"大夫荀息说："虞国国君是个目光短浅、贪图蝇头小利的人，只要我们送他一些价值连城的美玉和宝马，我想，他不会不答应我们借道的。"晋献公一听，内心很是不快，踌躇了一会，没有回答。荀息看出了晋献公的这点心思，就说："虞虢两国是唇齿相依的近邻，虢国被灭了，虞国也不能独存，您的美玉宝马不过是暂时寄存在虞国国君那里罢了。"晋献公于是采纳了荀息的计谋。

与预料的那样，虞国国君见到晋国送来的珍贵的宝物，心花怒放，当听到说要借道虞国讨伐虢国之事时，也不假思索，一口应承下来。虞国大夫宫之奇听说此事后，赶快上前劝道："这事要从长计议，不能答应的借道的事情。虞国和虢国是近邻，唇齿相依的关系。我们两个小国相互依存，有事可以彼此之间相互帮忙，万一虢国灭了，晋国军队在回程的时候，也可能顺便进攻我们，我们虞国也就难保了。俗话说得好'唇亡齿寒'，没有嘴唇的保护，牙齿就会感到很寒冷。借道给晋国的事万万使不得。"虞国国君说："人家晋国是大国，现在专程送来美玉宝马和咱们交好，难道咱们能不答应这事吗？"于是，摆手让他不要再劝说。宫之奇见到虞公国国君一意孤行，鼠目寸光，他连声叹气，知道虞国离灭亡的日子不远了，于是就带着一家老小匆忙离开了虞国。果然不出所料，晋国军队在借道虞国消灭虢国后，在班师回朝时，又把亲自迎接晋军的虞国国君俘虏了，灭了虞国。

"唇亡齿寒"是要我们明白：关系密切双方，利害也相关，一方受到打击，另一方必然不得安宁。因此我们不管在做什么事的时候，一定不要目光短浅，要从全局来考虑问题。危害自己的事情不做，那么危害他人的事情，也是万万不能做的。不能仅仅以为，一些事情是他人的事情，与自己无关，事实上人与人之间是相互的，所以，我们不能做事太自私，要多为其他人的利益考虑。

有这样一则寓言：一头驴子和一匹马托着货物，跟随主人在广袤的沙漠中穿行。因为货物太重，驴子有点不堪重负，就对马说："你帮我分担一点货物吧，我难以忍受了。"马没有理睬驴子的请求，继续仰着头往前行走。它们走了不久，驴子就因为体力透支，累死了。主人没办法，就把驴子身上的货物全部装到马的背上，最后，马也被累死了。

马的教训告诉我们"辅车相依，唇亡齿寒"的道理。试想，要是当初马替驴子分担了货物，那么结局可能是驴子和马都在目的地吃着绿油油的青草，悠闲地晒着太阳。

利益的关系是相互的，给别人留一条后路时，其实也是给自己留一条后路。如果我们懂得"辅车相依，唇亡齿寒"的道理，做事慎重，顾全大局，那么我们会避免犯很多错误。

## 行得春风，必有夏雨

《成功学》中有一个伟大的定律，叫付出定律：只要你有所付出，就一定会得到相应的回报。如果你觉得回报太少，那就表示付出太少；如果你想要得到更多，就必须付出更多。

"行得春风，必有夏雨"是一句民谚。春风，指偏东南方向的风；夏雨，一般指梅雨。谚语意思是说，春季偏东南风较多的年份，则夏季梅雨一般也较多，大意是有所施必有所报。

一个人要想得到回报，就必须先付出。没有付出，哪里来的回报？就如同人们常说"一分耕耘，一分收获"。我们都知道，农民在收获秋季沉甸甸的谷物之前，必将付出春天播种的忙碌、夏季灌溉的汗水。相信很多读者都听过下面这个很富有哲理的故事：

一个人孤独地穿越沙漠，徒步行走了两天。途中他遇到沙暴袭击。一阵狂沙吹过之后，沙丘位置发生改变，他已认不得正确的方向。这时的他口渴难耐，已经支撑不了多久。突然，他发现前方有一幢废弃的小木屋。他拖着疲惫的身子走进了屋内。这是一间四周没有窗户，密不通风的小屋子，这样的设计可能是为了防止风沙灌入，只见里面堆了好多枯朽的木头。他几近绝望地环视四周，却意外地在角落里发现了一台抽水机。

他很兴奋，立马上前汲水，但任凭他怎么卖力压抽水机杠杆，也抽不出半滴水来，只有抽水机抽动空气的吱嘎声。他颓然坐地，却看见抽水机旁有一个用软木塞堵住瓶口的小瓶子，瓶上贴了一张泛黄的纸条，纸条上写道："你必须用水灌入抽水机才能引水！千万不要忘记，在你离开之前，请再将水装满！要知道，你能饮到甘甜的水，有别人的付出，你才得到回报。现在是你回报别人的时候了!"他立即拔开瓶塞,发现瓶子里,果然装满了水!

他的内心,此时正纠结着……

如果自私的话,只要将瓶子里的水喝掉,他就不会渴死,兴许就能活着走出这片沙漠;如果照纸条写的做,把瓶子里唯一的水倒入抽水机内,万一水灌进去,却抽不出水,他就会渴死在这地方,到底要不要冒这个风险?

犹豫再三,他决定把瓶子里所有的水全部灌入破旧不堪的抽水机里,以颤抖的手大力汲水,不一会儿,水真的涌了出来。等他喝完清凉的水之后,又把瓶子灌满了水,轻轻用软木塞封好,放在原处,然后在原来那张纸条的后面,再加一句自己的切身体验的智慧:"相信我,真的有用,在取得之前,要先学会付出。"

这个故事反映的哲理就是"行得春风,必有夏雨"。试想,一个几近绝望的沙漠旅行者,身体内的水没有得到补充,他很快就会因脱水而死去。这时,一瓶水、一个纸条和一个抽水机。对他的选择来讲,当然是这瓶水来的最具诱惑性,喝掉这瓶水,他就能继续前进;但他当然也可以慎重自己的选择,把水倒进抽水机,抽出更多的水,供他在接下来的旅途中使用。显而易见,这是一个很大的考验,如果水没有冒出的话,他将很快死去,永远不可能走出这片沙漠。如果你是这个沙漠旅行者,你会怎么选择呢？其实有可能这个答案很简单：在取得之前，要先学会付出。要是不付出"一时之渴"的一瓶水，就永远不可能得到"足以走出沙漠的"更多水的回报。

可能有人会问："付出就一定会有回报吗？"在现实生活中，往往事情不都能尽如人意，付出并不总是能立竿见影地得到回报的。即使一些事情付出了，却收获了失败，也不要灰心，这只证明这种方式不行，换一种也许绝路变通途。要相信，只要用心去做了，俯下身努力付出，相信水滴终会穿石，柳暗花明就在一步之遥！

## 冰冻三尺，非一日之寒

一滴水从房檐上滴下来，落到青石板上，这看起来是一件多么微不足道的事，然而长年累月地滴，却能水滴石穿。做人也要具备这种"水滴石穿"的锲而不舍的精神，一旦确定了人生目标就持之以恒，并用自己坚忍不拔的品格、坚定不移的信心和坚持不懈的奋斗精神，取得一番成就。

有句民谚："冰冻三尺，非一日之寒。"观文而望其义，这句谚语比喻一种情况的形成，是经过长时间的积累、酝酿的。这句谚语暗示了我们无论是在学习、工作，或是对人生的追求中，成功并不是一蹴而就的事,而是一个长期奋斗积累,厚积薄发的过程。

从前,有一位果农在地里种下两棵苹果树的幼苗,很快它们开始发芽。鹅黄的叶片在春风中抖动着,很是惹人怜爱,第一棵树立志要长成白杨那样的参天大树,于是它拼命从地下吸取水分和养料,储备起来,滋养每一根枝干,为将来长成一棵大树做着积极的准备。但由于第一棵苹果树只顾着努力向上伸展枝丫,最初的几年没有结一个苹果,这让老农很恼火。相反,另外一棵树也是拼命从土里汲取营养,但志向是尽快开花结果,结果几年后,它就结了满树的苹果,果农欢喜极了,就更勤奋地给这棵苹果树浇水、施肥,那棵不结苹果的树就被冷落了。

时光飞转,那棵不结苹果的大树因为枝粗叶茂,养分充足,在一个秋季,成熟了一树又红又大的苹果。而那棵过早开花结果,急于求成的树,却因未成熟的时候就开始开花结果,现在养分耗尽、枝干叶枯,只能结出几个苦涩难吃的苹果。

果农诧异地叹了口气,用斧头砍伐了这棵过早衰败的苹果树。在人生道路上,我们要学习第一棵苹果树,注重积累,厚积薄发;同时,我们也要以"过早开花的苹果树"为戒,莫急于求成。

在遥远的非洲草原上,有一种茅草,叫尖茅草,它是草原上最长的茅草，它刚发芽时，又细又短，并不显眼。可是只要雨季一来临，三五天的光景，它便能一下子伸长到两米左右。植物学家很好奇，就去实地观察和研究它，最终得出结论：原来在刚长出的前半年时间内，它并不是没生长，而是努力把吸收的养分存在了根部。雨季之前，尖茅草的茎虽然只长出1寸，根部却深深扎入地下已达20米，并且根部疯狂地向四周散开，贪婪地汲取沙土中稀缺的水分。当储存了足够的能量后，蓄势待发，只要雨水一落到它的身上，便一发不可收拾。

像"尖茅草"这样，通过自身的努力，多积累，最后厚积薄发，功成名就的案例多得不胜枚举。

西晋时著名的辞赋大家左思，他的名篇《三都赋》就用整整十年才完工。他为了把《三都赋》写好，一天到晚都在构思《三都赋》的语言文字、思想内容和艺术境界，力求精益求精。为了能够及时把自己突发的灵感记下来，他走到哪里都带着笔墨纸砚，一想到有什么好的句子，就立马记录下来。

十载寒暑，左思终于完成了《三都赋》。他也为此名动天下。《三都赋》辞藻华美、文笔畅快，无论是在内容还是形式上，都取得了较高的艺术成就。文章一经问世，洛阳都城整个为之轰动，文人骚客争相传抄。由于传抄的人太多，一时间纸张变得供不应求，纸价暴涨。这也是"洛阳纸贵"这个成语的来历，这真是古代文坛一件无与伦比的风雅盛事。

左思用了整整十年才写了一篇足以让他流芳百世的文章，任何成功者，都是付出常人无法想象的辛苦才实现自己的人生价值的。

李白诗曰"十年磨一剑"，这是成功者才具备的一种良好人生态度。在这个物欲横流的社会中，很多人没有摆正心态，一心想急功近利，总幻想着不劳而获的成功，又或是走捷径一步成功，殊不知，这种心态不仅不会成功，反而极其有害。于是我们不得不承认，想要有登峰造极的成就，就必须先承受十年磨一剑的寂寞，当今的生活更是要如此。要知道，每一次成功所绽放的光芒，并不是那瞬间的张力，而是无数岁月所沉淀的巨大能量，正在厚重的这股动力，才能瞬间迸发，冲到制高点。

当下的你可能默默无闻，请不要急躁，可能在别人眼里你是一个平庸的人，但我们自己的心里要时刻明白，点点滴滴地积累，脚踏实地地学习，总有一天会获得成功。

## 好钢要用在刀刃儿上

"好钢用在刀刃上"，这7个字看上去非常普通，却是由平凡变为不平凡的卓越法则。要选择一个像刀刃一样关键的地方，集中几倍的力量去实现一个目标。不能把有限的力量分散在许多问题上,每个问题都想解决,最终一个都解决不了。

我们的时间有限、精力有限,不可能把所有的事情做到最好,但是我们一定可以把其中的一件事做到最好。心无旁骛地做一件事,更容易成为强者。

一个下岗女工靠亲人集资开了一家杂货店,几个月过去,生意很不好。她的丈夫喜欢读书,有一天,他对妻子说在图书馆看到一份杂志,上面有一个全球五百强企业的专栏,丈夫发现所谓的"五百强"不过也很寻常,都是些"一根筋、一条路"。妻子不太明白。丈夫继续解释说:"打个比方,你卖纽扣,就只卖纽扣,卖所有品种的纽扣,店再大,都不卖别的。以后你再进货,头饰、胸花之类的东西,不要再进了,全进纽扣,有多少品种进多少品种,看看会怎么样。"妻子半信半疑,抱着试一试的态度,集中所有资金做起了纽扣生意,谁知效果却非常不错。几年以后,这家曾经的小杂货店变成了这座城市唯一的一家"航空母舰式的纽扣店"。

丈夫的发现虽然有些肤浅,却很有道理。《财富》世界500强,都有一个规律,只做一件事,做好一件事。物流运递类第一名是UPS公司,UPS发展到今天也只做了一件事——用最快的速度把包裹送到客户手中,仅仅因为做好了这一件事,UPS就把业务做到了全世界。世界第一强、零售业的"老大"——沃尔玛自始至终只做零售。世界第二强——通用汽车公司,一百多年来,也是只做汽车与配件。很多著名的大企业、大集团公司,都是集中所有力量,取得一个行业的垄断和领先地位,再不断地进行科研,使自己的技术无法被同行业的竞争者所超越,从而取得超额利润。从这个意义上讲,他们确实是"一根筋、一条路",这些现实案例也告诉了我们,只有集中精力做好最重要的事,才能获得成功。

只做好一件事,意味着集中精力发展。很多人涉足很多领域,学习很多知识,但是时间、精力等都是有限的,不可能全部深入钻研,结果每一项都没有很强的竞争力。目标定了很多,什么都想做,什么都没有做到最好,实质是没有自己的核心竞争力。只有找到自己的强项,找到最适合自己发展的那个领域,然后拿出全部精力去钻研,才能有所收获。

## 人多计谋广,柴多火焰高

一个犹太老汉养了十个儿子,但儿子们老是互相拆台、不团结,后来老汉想了一个主意,他把儿子们叫过来,每人分一根筷子,比比力气,看谁能折断。十个儿子都很轻松地将筷子折断了。他又每人分了十根绑在一起的筷子给儿子，结果谁都折不断。通过这件事，儿子们恍然醒悟，明白了父亲的用意。

这个故事说明了齐心协力之下能实现得更多、更快、更容易的道理。成功不是单打独斗的，没有人可以一个人做完所有的事情，因此，要想达到目标就需要与人合作。没有别人的帮助，我们能取得成就就很有限。

"一根筷子容易折，十根筷子折不断"，"人多计谋广，柴多火焰高"，这些话经常在我们耳边拂过，几乎成了老生常谈，使人厌烦。但是，如果想办成一件事或者办好一个企业，没有向心力是不行的。只有把众人的力量拧成一股绳，才能克服种种困难，也才能看到光明的前景。

团结协作是不可或缺的态度，下面的故事最能体现这一原则。

刘键毕业于一所名牌大学，几年的市场实战历练、摸爬滚打，使他羽翼渐丰，自认为具备了独当一面的能力。他从原来的公司辞职，希望跳槽到更好的公司，能够寻找到一个向更大发展空间的平台。经朋友介绍，他从广州来到武汉，到某公司市场部就职。由于有扎实的专业知识，以及大公司里积累的丰富工作经验，大方开朗的他深得领导青睐。刘键本人也自信满满，寻找着能充分展示自己能力的机会。一次，公司在内部广征市场拓展方案时，刘键所在的部门也跃跃欲试。经理也有意将此次方案的制作作为一个练兵的机会。他在分配任务时提醒：作为尝试，刘键与几名"后起之秀"可以每人单独完成一份，也可以合作完成一份。

凭借着在大公司工作的经验，以及对市场行情的把握，刘键决定单挑，而不是与他人合作。他花了整整一个星期，查阅很多资料，冥思苦想、细斟慢酌，终于完成了自认为不错的方案。完成"大作"后，他满以为自己的报告能够得到领导的赏识。报告上呈后，经理的评价出乎他的意料："缺少了本地化的东西，操作性不强。不过，你的宏观视野很开阔。"上级的评价使他心里搞不清究竟问题出在哪里。之后，经理把几名"后起之秀"叫到一起，让他们分别揣摩各自的方案。在经理的"撮合"下，他们将各自方案中的亮点进行了提炼和重构，结果，新方案被老总评优，列为备选的最终方案之一。想着自己能与资深员工"并驾齐驱"，他们甭提多高兴了。

事后，经理指出，他之所以给出提醒，就是想让这几名年轻人互相合作、取长补短，不料，他们都选择了单兵作战，不愿意与他人合作。大家希望借助这次机会，崭露头角的想法固然没有错。但是，这样做的结果就是每个人的方案都不够完美。而集中大家的智慧合作完成后的报告则集中体现了每个人的精华所在，报告的质量远远超出了之前各自的方案。而从参与做报告的每个员工来讲，在此次方案的制作过程中，都从他人的身上学到了不少的东西，加深了员工之间的交流和沟通，工作能力也相应地获得了极大的提升，可谓受益匪浅。大家都感慨道，以前这种相互交流、相互学习的机会太少了，以至于都忽视了身边的同事身上也有很多的智慧火花。这件事对刘键触动也很大，他总结这件"策划否决案"时，感慨地说："想要尽快成长，还是得注重协作和请教，否则，欲速则不达呀！"

所以，"人多计谋广，柴多火焰高"。单枪匹马不如合作共赢，良好的团结合作的局面一旦形成了，团体的智慧迸发的火焰还会少吗？事情还会办不成吗？

# 第四章

# 准则培养：习惯成自然

## ——品质生活来自良好的准则

### 挨金似金，挨玉似玉

一个人有什么样的前途，或者说要走什么样的路，过怎样的人生，某程度上取决于他交什么样的朋友。古话说得好"挨金似金，挨玉似玉"，通俗来讲，就是"近朱者赤，近墨者黑"。人是有感情的，互相接触久了，很容易在不知不觉之中被对方潜移默化。倘若与品行不端的人为友，那就有可能会沾染不良的习气；倘若是高朋净友，那就可能相互扶持、共同进步。所以，择友一定要慎重，不可盲目。

孔子说："益者三友，损者三友。"意思是说，使人受益的朋友有三种类型，使人受损的朋友也有三种类型。哪三种朋友可以使我们受益呢？按孔子的说法是："友直，友谅，友多闻，益矣。"

也就是说，品性正直的朋友，互相体谅的朋友，博学而见多识广的朋友，这三种类型的朋友可以让我们受益良多，可与之交友。而他认为："友便辟，友善柔，友便佞，损矣。"意思是，品性不正直的朋友，善于奉承别人的朋友，善于信口开河却没有真才实学的朋友，这三种类型的朋友，只会让人受到伤害，不可交往。

古人交友注重"心"交，更在乎那种"琴瑟和鸣，心领神会"的意境，在这方面达到极致的是"俞伯牙摔琴谢知音"。钟子期虽为山中樵夫，但俞伯牙与之相见倾心，二人因音乐而相交，又因音乐而相知。

春秋时期，俞伯牙擅长弹奏古琴，技艺美妙绝伦，堪称千古绝响，只是恨没有知音赏识。一次，他乘船郊游，夜泊在汉阳江口。那天恰好是中秋月圆之夜，只见皓月当空，万籁俱静，俞伯牙见此美景，取出古琴对月弹奏起来。一曲未终，琴弦却"啪"地断了一根，伯牙感觉有异常的事情发生。心想，这琴识得人心，定是有人在附近干扰，否则，琴弦不会轻易断掉。于是，伯牙命令身边的随从上岸看看。这时，岸上树林中走出一个樵夫，近前作揖说："夜间突然下起雨来，我只好在这里避雨，听到琴声铿锵悦耳，不觉听得入神，谁知惊扰了您的雅兴，多有得罪。"伯牙暗自诧异，心想，一个山野樵夫也懂音律，定不能小看了他，便请那位樵夫上船一叙。

老人言

樵夫名叫钟子期，家有老父，平日里靠打柴度日。钟子期虽家境贫寒，但却博学多才。二人在船上谈古论今，互通音律。伯牙每弹一首曲子，子期都能通晓曲子被赋予的情感，讲出曲子的曲风和音律。当俞伯牙弹奏知名的"高山流水"时，钟子期感叹俞伯牙的琴音"巍巍乎若高山，荡荡乎若流水"。天亮的时候，伯牙和子期依依惜别，相约一年后在此相会，弹琴论诗。

在第二年的中秋之夜，俞伯牙如约而至，但是迟迟不见钟子期，于是，取出琴来弹奏，琴音低沉幽怨，如泣如诉。后来，伯牙派人遍寻钟子期，并亲自登岸拜访。他被告知，钟子期已经亡故了，埋葬在与俞伯牙相会的岸上。

伯牙很沮丧，来到坟前，取出古琴，独自弹奏。弹罢，俞伯牙仰天长叹："子期不在了，我的琴音没有人能够懂得了，不弹也罢。"说完，他扯断了琴弦，把古琴摔了个粉碎，返身而去。要知道："摔碎瑶琴凤尾寒，子期不在对谁弹？春风满面皆朋友，欲觅知音难上难。"

是啊！人的一生交如钟子期这样的知音，已经足以，何必再强求？

一位外国作家曾说："选择朋友一定要谨慎！地道的自私自利，会带上友谊的假面具，却又设好陷阱来坑你"。他说的虽然犀利，但却不无道理。在与人相处的过程中，并不会人人都会与你交心的。有的人，喜欢言行于色；有的人，善于隐藏自己的本性。于是我们择友的时候，一定要慎之又慎。

孔子说："三人行，必有我师焉。择其善者而从之，其不善者而改之。"朋友是与我们经常相处的人，我们可以从他们身上的优缺点来体察自己，有长处就继续发扬，有了短处就改进，这样才能完善自己，使自己进步。

如果交上了品行端正的朋友，将终身受益，他可以在恰当的时候给你一些提醒或建议，能够让你避免误入歧途，也能够让你得以在逆境中重新奋起，走向人生的坦途。反之，如果交上品性不端的朋友，则会贻害无穷，他可能会使你丧失对事情的判断力，会使你失去前进的动力，更有甚者会使你失去人生航行的方向。

我们应该牢记古人的训诫，牢记"势利之友，难以经远；以财交者，财尽则交绝；以色交者，华落而爱渝"之忠告。时时刻刻不要被名和利所惑，时时刻刻谨慎交友，使自己永远在健康的人生路上行走。

## 白沙在涅，不染自黑

人的一生要面临很多选择，选择学校、专业、朋友、环境、工作……当你每做出一次选择，必将对你的人生造成这样或那样的影响。人毕竟是社会群体性的动物，任何人都不能脱离社会而独立地存在，人总是会受到环境等外在因素的影响。《孔子家语》说："与善人居，如入芝兰之室，不闻其香，即与之化矣。与不善人居，如入鲍鱼之肆，久而不闻其臭，亦与之化矣。"意思是：与品格高尚的人居住在一起，就像处在芝兰花飘香的室内一样，时间长了可能闻不到芝兰的花香，其实本身已经充满香气了；与品性低劣的人居住在一起，就像到了卖鲍鱼的场所，时间长了倒也闻不到臭味，也是融入环境里了。所以说人们必须谨慎地选择自己所处的环境。

荀子说："白沙在涅，与之俱黑。"这句话是围绕"环境与人"的关系说的：白色的沙子混在黑土中，时间久了，就同黑土一样黑了。这用来比喻好人处在恶劣的环境中也会随着变坏。对一个普通人来说，与其希望自己能意志坚定，能够洁身自好，还不如尽量少接触不良的周围环境。毕竟，一个人要去改变环境很难，但可以选择良好的环境。

欧阳修是北宋著名的文学家。他在颍州上任的时候，手下有一个名叫吕公著的人。某日，欧阳修的好友范仲淹巡游路过颍州，便到他家中拜访，欧阳修看吕公著谦逊有礼，就邀请他一同待客。席间，范仲淹对吕公著说："年轻人，你能有机会待在欧阳修身边做事，要珍惜啊！日后，你应该多向他请教写文章或作诗的技法,这样会对你大有好处的。"此后,在欧阳修的言传身教下,吕公著在北宋文坛也小有名气。在某种意义上说,良好的环境有利于成功。"孟母三迁"的故事,便很好地说明了这个道理。

孟子是战国时期的伟大的思想家。孟子自小丧父,家里全靠孟母倪氏一人支撑,她日夜纺纱织布,挑起生活重担。倪氏是一个对生活颇有见识的人,她希望儿子能读书上进,早日成才。

于是孟母对儿子的教育非常重视,也很注重环境对孩子的影响。

起先,孟子随母亲住在一个村落里,住的地方离墓地很近。孟子常常和邻居的孩子一起去墓地玩耍,有时还学着大人跪拜、哭嚎的样子,玩起葬礼的游戏。这被孟母看到了,心里非常着急,跟着这些孩子学,会学坏的,就皱着眉头说:"不行!不能让我的孩子住在这里了!"于是,他们搬走了。

孟母不惜搬迁的劳苦,带着孟子搬到市集旁边去住。到了市集,孟子又和邻居的小孩,学起商人经商的样子。孟母发现这种状况,内心焦虑起来,又皱着眉头:"这个地方也不适合我的孩子居住!"于是,他们又搬家了。

这一次,孟母带着孟子搬到了一所私塾附近。每月夏历初一时,文武官员到文庙,行礼跪拜,互相之间以礼相待,孟子见了,把这些礼节一一记在心里,并效仿着他们做着礼节。孟母见了，非常高兴，点着头说："这才是我儿子应该住的地方呀！"于是他们就在这个地方定居下来。"孟母三迁"的故事就流传下来，后来，这个典故用来表示人应该要接近好的环境，才能学习到好的习惯，才能有大的作为。

《晏子春秋》有言："婴闻之：橘生淮南则为橘，生于淮北则为枳，叶徒相似，其实味不同。所以然者何？水土异也。"淮河以南的橘子树，移植到淮河以北就变为枳树，只能结又苦又涩的果子。这用来比喻环境一旦改变，事物的性质也随之发生改变。这说明不同的环境对同一事物地发展起着重要的作用。

如果一个人生活的周围都是高尚的人，那么在他们潜移默化的作用下，这个人也会通过自身的努力，去赶超他们，与他们看齐。同样的，如果一个人总是与一些道德素质低下的人交往，久而久之他的品性也会变得低下粗俗。

## 百人百姓，各人各性

17世纪末，在普鲁士王宫里，哲学家莱布尼茨在向王室贵族提出他的宇宙观："天地之间是没有两个彼此完全相同的东西"。在场的人都哗然，很多人摇头表示不理解，也有的人表示出很不屑。于是，有人请侍女到后宫花园里去找两片完全相同的树叶,想以此推翻这位哲学家的妄断。结果,令他们大失所望,因为任凭他们怎么找,也没找到完全相同的树叶。因为从外观粗略地看,树上的叶子似乎都是一个样子,但仔细比对,却发现每片树叶都是大小不一、厚薄不等、色调不均、形态各异。其实何止是树叶,世界上的一切东西都没有绝对相同的,人的性格更是"各人各性"。

"一花一世界,一树一菩提",在我们日常生活中,由于每个人的成长环境和所接触的事物是不一样的,所以造就了人与人之间的性格会有差异。要知道"百人百姓,各人各性",我们要互相尊重,既不用自己的标准来衡量别人,也不用别人的标准衡量自己。

**错误观点一:别拿自己的标准衡量别人**

麦斯太太一辈子住在一所外墙斑驳的老房子里,她是一位寡妇,丈夫多年前去世之后,就没有再结婚。自己一个人孤孤单单地生活了大半辈子,她平时性格有点孤僻,处事敏感,有时候,邻居无意中的一句话都会伤害到她。她尤其不喜欢街对面住着的那位太太,多年来老是愤愤不平:"在路上见了面,老是不搭理我,有时候甚至不看我一眼就走过了。这个女人怎么这么不懂礼貌……"就这样,麦斯太太在抱怨中,她和街对面房子的太太做了25年的邻居,但没有说一句话。

直到有一天,对面的太太竟然主动来麦斯太太家里拜访,麦斯太太虽然对她不满,但也客气地出来搭话,不想这位太太羞涩地说:"其实,这么多年来,我没有什么朋友,一直想和你说说话,但是,我眼睛看不见,性格也内向,一直没好意思开口,希望你能原谅,现在我要搬走了,想来跟你说一声。"

麦斯太太听完后热泪盈眶,紧紧抓住这位太太的手,久久不肯松开。她知道,是自己的偏见,失去了25年来本应该有的友情,要是以前自己主动跟对面太太打招呼,可能她的日子不会这么枯燥寂寞,至少有个朋友可以谈心。正是因为拿自己的眼光衡量别人,才伤害自己,也伤害了别人。

生活中,有些人老爱总喜欢拿自己的标准衡量别人,如觉得好就一好百好;觉得人坏,就认为事事坏。如果我们转变心态,就会发现,人人都有自己的长处和优点。要懂得克制自己,善待他人,才是做人的根本。

**错误观点二:别拿别人的标准衡量自己**

世界上既然没有两片完全相同的叶子,也不可能有完全相同的人,尽管你现在可能很渺小,甚至是微不足道的,但请相信,你是独一无二的,这就是你存在的价值。拿别人的标准去衡量自己,盲目地改变自己,要求自己,并不能让自己像别人一样能有一番成就,反而有"东施效颦"之嫌。

麦克斯·威尔医师在罗斯福执政期间,曾为总统夫人的朋友做了很成功的手术。事后,总统夫人邀请麦克斯医师到白宫做客,他为此感到无比的荣幸。他在白宫留宿了一夜,恰好他住的房间的隔壁就是林肯曾经住过的寝室,他感到很兴奋和自豪。

第二天早上,他来到餐厅用早餐,总统夫人早就等在那里,他吃着盘中的早饭,心里别提多高兴了。

但是,问题出现了,因为侍者端来了一托盘的鲑鱼,他为此内心很挣扎,因为他吃鲑鱼有过不良的反应。

总统夫人看着麦克斯医师在发愣,就指着总统先生说:"他很爱吃鲑鱼。"

麦克斯医师略微迟疑了一下,心想:"总统都喜欢的东西,我还畏惧什么呢?"于是,就切下一块鲑鱼,吃了起来。

结果,在那天下午,麦克斯医师就出现了预料之中的不良反应,十分痛苦。

后来,麦克斯在其著作《心灵的慧剑》中写下了这么段话:"这件事的意义在于:我不想吃鲑鱼,但鉴于总统先生喜欢,我于是屈就自己迎合了总统先生的口味,从而背叛了自己。虽然,这仅仅是人生中的一件小事,很快就会淡忘,可换个角度想,这不正是很多人为了成功最常碰见的陷阱?"

所以,每个人都不要拿别人的眼光去衡量自己,更不要去违背自己的意愿,强制去做跟别人一样的人,做好自己才是最重要的。否则只会适得其反。因为"百人百姓，各人各性"，每个人都是独一无二的，要敢于保持自己的本色，不必执着于同别人比高低。你只需要按照自己生活的轨迹，坚定走下去，才能真正活出自己的精彩。

## 喝惯了的水，说惯了的嘴

北朝时期，名将贺若敦因为多言遭遇了杀身之祸，临死时将儿子贺若弼的舌头刺出血，以此告诫他一定要谨言慎行。没想到贺若弼没有谨遵父亲教诲，也因为多言而死，父子两代英勇善战，却没战死沙场，倒是死在自己的舌头之下。就如老人所言："喝惯了的水，说惯了的嘴"，祸从口出，说话一定要谨言慎语，不要造成不必要的麻烦，影响了自己的大好前程。

贺若弼是隋灭陈的名将，他的父亲贺若敦为南北朝时期的大将军，以勇猛著称，屡立战功。贺若敦在参加平定湘州之战中立了大功一件，本以为能得到帝王的赏识以及朝廷的封赏。但他万万没想到，因为被奸人诬陷，不仅没有受到半点赏赐而且还被降职。于是，他心中愤愤不平，当着朝廷使者的面就怒火冲天，发泄心中的怨言。当时北周权臣宇文虒早就对他不满，有除之后快的想法。这次听到使者回来向他报告：贺若敦对朝廷出言不恭。于是宇文扈马上借故把贺若敦调回身边,在自己势力的威慑下,逼迫他自杀。贺若敦临死之前,对儿子贺若弼说:"吾必欲平江南,然此心不果。汝当成吾志,且吾以舌死,汝不可不思。"也就是说,他的一生怀有平定江南的大志向,要儿子继承自己的遗志,但自己因为逞一时的口舌之快,招来杀身之祸。这件事不能不深思啊!贺若敦说完这句教诲,就拿锥子狠狠地刺破儿子的舌头,想用痛感之感让贺若弼记住他的告诫。

时光飞逝,转眼十几年过去了。江山已经易主,当世已是大隋的天下,贺若弼也官拜隋朝的右武侯大将军,以吴州总管镇守江北一带。在灭陈的战争中,贺若弼立下汗马功劳,但灭陈后,屡次为了功劳与韩擒虎言语起冲突。这使得隋文帝杨坚心里很不高兴,认为他一味贪功邀宠,没有大的作为。

贺若弼认为自己能力过人,连能力差自己一截的杨素都官拜尚书右仆射(相当于宰相),而他仅仅是一个将军爵位,没有实权,不满的情绪溢于言表。加之一些好事之徒把他说的密告给隋文帝杨坚,本来一时气话,当不得真的,但经过有心之人一传,就成了大事。杨坚把他下狱,责备一番,但念他有功,不久就放了出来。谁知他不但不以此为戒,收敛自己的言行,反而四处炫耀他和太子杨勇的关系如何的密切,后来太子杨勇失宠被废,他又没管住自己的舌头,整日为杨勇鸣不平。文帝大怒,找他来质问:"我用杨素为宰相,你却在众人面前多次大放厥词;我废杨勇,你也心有不甘。要是你整天带着不满的情绪来看待朝廷,你还能有什么作为?"文帝把他削职为民,一年后复其爵位,但永不重用。待杨广登基后,他因参议隋炀帝生活太奢靡,终是被隋炀帝所杀。

贺若弼父子的悲剧值得我们深思,孔子说:"君子欲讷于言而敏于行"。该说的一定要说,不该说的不要说。说话要勤在心里思量,不能凭一时意气,逞口舌之快,更不能发一些徒劳无益、于事无补的牢骚怨言。我们遇到一些不平和偏见,最好的处理方式就是淡然处之,但凡不平则鸣,都会伤人伤己,对人生无益。

一位世界知名的银行家,在他未发迹之前遇到这样一件事,使他成就了自己的大业。

一天,他与某大银行的一位主管见面时,偶然说起他打算在长岛这个地方开办一家银行,这个想法若能实现,将来自己可谓前途无量。不料想,那位银行主管不但不赞成这个计划,反而流露出十分轻蔑的姿态说:"想法不错啊!若是你活得够长,也许有一天你能在这里拥有自己的银行。"说完便起身告辞。

后来,这位银行家把这件事告诉自己的朋友说:"当时我听了他的那句冷语,心里很生气:这是什么话!若是我活得够长,不就等于说我是一个庸碌无能、一事无成的人吗?这不是等于讥讽我开不出银行来吗？这样大的一个耻辱，岂是我所能忍受的？但我并没有为此找这个主管针锋相对一番，我觉得那样也是于事无补。我心里暗下决心，一定开设一家成功的银行给他看，而且我一定开办的比他的要红火。经过我的努力，我真的做到了，而且仅用了短短 4 年的时间，现在我们银行的存款数额已经超过他的一倍以上！"这位主管可曾想到：管不住自己的舌头，自己一句话就在不经意间为自己树起了一个强大的敌人。

上面的银行主管，如果懂得说话技巧，现在可能跟这位知名的银行家合作，事业做得更大了。我们在说话的时候要认清对方，顾虑别人的感受，坦白直率，仔细谨慎。一言可以兴邦，一言可以丧国。对于我们在日常的交往和工作中，也需要注重说话的艺术，说话时，要管住"说惯了的嘴"。

## 兔儿不吃窝边草

一个炎热的夏季，一位农夫领着雇工在烈日下辛勤劳作，天热感觉口渴难耐，刚好自己园子旁边就是邻居家的梨园，只见树上结满了许多梨，一块儿干活的雇工就提议是不是摘取几个梨解解渴。这位农夫听了不为之所动，摇摇头说："不可以的，我们要是摘了邻居的梨，那么邻居肯定知道是我们摘的，兔子都不吃窝边草。"有人问他:"邻居知道了有什么关系,邻居之间吃几个梨,怕什么?"他回答说:"不是自己的梨,岂能乱摘!如果我们现在摘了人家的梨,那以后他们岂不是也可以随便摘我们地里的东西。这个倒是小事,重要的是我们内心要有个自律的意识。"雇工们听了很是惭愧,也没有摘梨。

作为一代徽商的领军人物,胡雪岩无疑是商业资本最巨、经商能力最强、覆盖商埠最多、影响作用最大的佼佼者。他凭借自己的精明和睿智,叱咤商界,游刃官场,在造就一份煌煌大业的同时,又形成一整套以正道取财、坚守信义、修合诚心、采办务真、修制务精、真不二价、顾客至上为主要内容的"戒欺"观。尤其是由"戒欺"观形成的经营文化,也是其他商帮难以企及的。在他的商业帝国里,他就深谙"兔子不吃窝边草"这一经商要义。

胡雪岩说得最多的是"君子爱财、取之有道"。这里所说的"道",正如他所说的"要从正道取财,不要有发横财的心思"。所谓"正道",是指赚钱不违背良心,不损害道义、规矩获利。胡雪岩正道取财的内容主要有:要留下余地,为人不可太绝,沿正路上走下去,绝不做名利两失的傻事;做生意要把握分寸,不能见利忘义。

胡雪岩到苏州办事,临时到永兴盛钱庄兑换20个元宝急用,谁知这家钱庄不仅不给他及时兑换,还平白无故地诬指阜康银票没有信用。胡雪岩在这家钱庄无端受气，自然想狠狠整它一把。

胡雪岩得知永兴盛在经营上有问题，他们为了贪图重利，虽然只有10万银子的本钱，却放出20几万的银票，已经岌岌可危了。浙江与江苏有公款往来，胡雪岩可以凭自己的影响，将海运局分摊的公款、湖州联防的军需款项、浙江解缴江苏的协饷等几笔款子合起来，换成永兴盛的银票，直接交江苏藩司和粮台，由官府直接找永兴盛兑现，这样一来，永兴盛不倒也得倒了，而且这一招借刀杀人，一点痕迹都不留。

不过，胡雪岩最终还是放了永兴盛一马，没有去实施他的报复计划。他之所以放弃报复，主要有两个考虑：一个考虑是这一手实在太辣太狠，一招既出，永兴盛绝对没有一点生路。另一个考虑则是这样做法，很可能只是徒然搞垮永兴盛，自己却劳而无功。这样一种损人不利己的事情，胡雪岩也不愿意做。

从这件事情中，我们确实可以看到胡雪岩为人宽仁的一面。然而更重要的是他更加看重他是同行，对同行不下狠手。胡雪岩不下手，足见他所说的"将来总有见面的日子，要留下余地，为人不可太绝"，并不仅仅是口头上说说而已，而确确实实是这样去做的，这其实可以看作是胡雪岩的一条经商准则。俗话说"给人一活路，给己一财路"，从商者都应该把目光放远一些。

胡雪岩常对帮他做事的人说："天下的饭，一个人是吃不完的，只有联络同行，要他们跟着自己走，才能行得通。所以，捡现成要看看，于人无损的现成好捡，不然就是抢人家的好处。要将心比心，自己设身处地，为别人想一想。"胡雪岩是这么说的，更是这么做的，在面对你死我活的激烈竞争时，做到了一般商人难以做到的：不抢同行的饭碗。

胡雪岩准备开办阜康钱庄，当他告诉信和钱庄的张胖子"自己弄个号子"的时候，张胖子虽然嘴里说着"好啊"，但声音中明显带有做作出来的高兴。为什么呢？因为在胡雪岩帮王有龄办漕米这件事上，信和钱庄之所以全力垫款帮忙，就是想拉上海运局这个大客户，现在胡雪岩要开钱庄，张胖子自然会担心丢掉海运局的生意。

为了消除张胖子的疑虑，胡雪岩明确表态："你放心！'兔子不吃窝边草'，要有这个心思，我也不会第一个就来告诉你。海运局的往来，照常归信和，我另打路子。"张胖子不太放心地问："你怎么打法？""这要慢慢来。总而言之一句话，信和的路子我一定让开。"

既然胡雪岩的钱庄不和自己的信和抢生意，信和钱庄不是多了一个对手，而是多了一个伙伴，自然疑虑顿消，转而真心实意支持阜康钱庄。在胡雪岩以后的经商生涯中，信和钱庄给了他很大的帮助，这都要归功于他当初没有抢了信和生意的那份情谊。

放别人一马就是放自己一马,保护别人也是在保护自己。与邻为善,于同行为善,也是我们所讲的兔子不吃窝边草的题中之意。

## 习惯成自然

拿破仑·希尔曾经说了这样一句话:"习惯能成就一个人,也能摧毁一个人。"在我们日常生活中,"习惯"不再仅仅是一个普通的名词,它实际上已经成为我们存在于这个世界的生存法则:良好的习惯可以使我们拒绝平庸,站在社会的巅峰,俯视芸芸众生;坏的习惯却能将我们淹没在平庸的洪流中,再也找寻不见。

也许,我们许多人都还没充分认识到习惯所带来的巨大能量,实际上,习惯影响我们一生。习惯,如三月的春雨,润物细无声,一个人可以在不知不觉中被习惯所潜移默化。从这点来看,习惯的确是一种可怕的力量。但我们也不能被习惯所掌握,我们必须保持一个高度警惕:作为好的习惯,我们应该继续保持;对人生没有任何帮助的不良习惯,我们要坚决抛弃。

在古代,老师和学生一块郊游,等走到一片树林里的时候,老师停下脚步,仔细观察四周的树木:

第一棵树,刚刚长出新芽,只能算一颗幼苗,算不得树。

第二棵树,已经有了细细的树干,是一棵挺拔的小树苗,它的根须已经牢牢地盘踞在肥沃的土壤中。

第三棵树,苍劲挺拔,枝繁叶茂,已经有手腕那么粗。

第四棵树,是一棵高大的万年松,它有着粗壮的树干,广袤的枝丫,那旺盛的生命活力,貌似要冲破云天。

老师指着第一棵树对学生说:"把它拔起来。"学生不费吹灰之力就拔出了那棵娇嫩的幼苗。

老师又说:"拔出第二棵。"学生稍微费了点力气,拔出了第二棵小树。

老师接着说:"接着拔出那边的第三棵树。"学生略微迟疑了一下,还是试着拔出第三棵树,但是毕竟树高根深,很是费力,待学生终于拔出那棵树的时候,已经是满头大汗,气喘吁吁的了。

老师又让他尝试着去拔出那棵遒劲的松树,学生踌躇了一下,拒绝了老师的要求,他是不可能完成这个任务的,甚至没有去作任何尝试。

老师看了学生一眼,语重深长地说:"你看到了吧,你刚才的举动已经告诉你,习惯对我们的生活是有多么大的影响啊!"

其实,我们的习惯就像故事中的树一样,幼苗的时候,我们是很容易拔除,而随着岁月的流逝,树渐渐地长大,根也深入地下,就很难再把它拔除掉了。如果我们的习惯变成了一棵万年松,那么我们任凭怎样努力,那棵松树仍然在那里屹立,风雨不倒，雷打不动。

习惯一旦养成就很难改变，好的习惯是这样，不好的习惯也不例外。我们一定要养成好的习惯，那么它们就如同故事中说的万年松一样，茁壮而牢固，任尔东西南北风，有了这样的习惯，何愁平庸，成功是早晚的事。但是坏的习惯，一旦养成也如万年松那般，不容易轻易改变，所以在我们日常生活中，要注意不染上一些不良的习惯，以免日后生悲。

一个年轻渔夫住在海边破旧的小木屋里，虽然日子过得清苦，但面朝大海，心里常是"春暖花开"。有一天，他出海捕鱼遇到了一个老渔夫，老渔夫年事已高，一生去过很多的地方，他还告诉了年轻的渔夫好多海那边的奇闻逸事，最后，还告诉了他一个"龙珠"的秘密。

据传说，谁要是得到这颗龙珠，就能拥有呼风唤雨的力量，以后出海捕鱼定是满载而归。可是，这个宝贵的东西，并不是轻易就能得到的。据老渔夫说，在黑海岸边，有不计其数的珍珠铺在沙滩上，这颗龙珠就混在这些珍珠之中。从外观上看，它的样子和普通的珍珠没多大的区别，但唯一的不同在于，它的表面有龙鳞状的暗纹，其他的普通珍珠是很光滑的。于是，年轻的渔夫思虑再三，回到小木屋收拾了行囊，驾着自己的小船，不远万里，来到了黑海岸边。

这里，正如老渔夫所说，到处铺满了明晃晃的珍珠。年轻的渔夫也没想太多，就开始了自己的寻宝计划，开始到处寻找龙珠。在这期间，他饿了就找些野果、小鱼充饥；困了，就在蜷在岩石旁小睡一会儿。他捡起一个珍珠，看一下没有龙纹，就顺手扔到海里。就这样他日复一日地重复着这个动作，转眼3年过去了，但他还没找到那颗龙珠。但他非常坚信，他一定能找到那颗龙珠的。于是，他按部就班操作自己的动作，捡起一颗珍珠，看一下就扔到海里，接着再捡再扔，如此循环往复……

终于有一天，他捡起一颗较大的珠子，上面有很深的龙纹，他看了一眼，不假思索的就把这颗珠子扔到了大海里。

在以后的日子里，他还是一如既往地寻找那颗龙珠，殊不知，那颗龙珠已经在自己习惯的动作下，被扔到了海里。他已经形成了把珍珠扔进海里的"习惯"，习惯的力量很是可怕，它甚至让人忘记自己的使命是什么，只按照习惯养成的法则行事，这样人活着是非常可悲的，人处在习惯意识的支配下，机械地活着，这跟行尸走肉有什么区别？这是习惯给人带来的苦果，我们一定要警惕这样的不良影响。

在现实生活中，习惯无处不在，它影响我们的思维方式和行为模式，习惯可以成就未来，习惯也可以摧毁未来，习惯成自然，每个人都多多少少有自己的习惯，在我们众多的习惯中，我们要拣出那些不良的习惯,扔进大海,留下那些好的习惯,这些好的习惯定会领你走向成功。正如著名教育家乌申斯基说的那样:"好的习惯是人在自己的神经系统中存放的道德资本,这个资本可以不断增值,而人在一生中可能都会享受这个资本的利息。"

## 与善人居,择善而从

古希腊哲学家毕达哥拉斯说:"要使你的朋友不致成为仇人,而使你的仇人却成为你的朋友。"放开眼界,收起报复的心态,以一种大度宽容的方式对待周围的人,即便不能都使其成为朋友,也能避免其站到自己的对立面去。

哲人霍姆曾经说过:"为朋友死并不难,难在有一个值得为之而死的朋友。"人不能没有朋友,但是,芸芸众生选谁为友,需要慎重选择。一个拥有真正朋友的人,比亿万富翁更富有——即使再多的金钱也不能改变这一事实。

有一个发生在越南的故事:

几发迫击炮弹落在一所由传教士创办的孤儿院里。传教士和两名儿童当场被炸死,还有几名儿童受伤,其中有一个小姑娘,大约8岁。一名医生和护士带着救护用品赶到。经过查看,这个小姑娘的伤最严重,如果不立刻抢救,她就会因为休克和流血过多而死去。输血迫在眉睫,但得有一个与她血型相同的献血者。经过验血医生发现,几名未受伤的孤儿可以给她输血。

医生用掺和着英语的越南语,护士讲着相当于高中水平的法语,加上临时编出来的大量手势,竭力想让这些幼小而惊恐的听众知道,如果他们不能补足这个小姑娘失去的血,她一定会死去。他们询问是否有人愿意献血。一阵沉默做了回答。每个人都睁大了眼睛迷惑地望着他们。过了一会儿,一只小手缓慢而颤抖地举了起来,但忽然又放下了,然后又一次举起来。

"噢,谢谢你。"护士用法语说,"你叫什么名字?""恒。"小男孩很快躺在草垫上。他的胳膊被酒精擦拭以后,一根针扎进他的血管。输血过程中,恒一动不动,一句话也不说。过了一会儿,他忽然抽泣了一下,全身颤抖,并迅速用一只手捂住了脸。"疼吗?恒?"医生问道。恒摇摇头,但一会儿,他又开始呜咽,并再一次试图用手掩盖他的痛苦。医生问他是否针刺痛了他,他又摇了摇头。

就在此刻,一名越南护士赶来援助。她看见小男孩痛苦的样子,用极快的越南语向他询问。听完他的回答,护士用轻柔的声音安慰他。顷刻之后,他停止了哭泣,用疑惑的目光看着那位越南护士。护士向他点点头,一种消除了顾虑与痛苦的释然表情立刻浮现在他的脸上。

越南护士轻声对医生说:"他以为自己就要死了,他误会了你们的意思。他认为你们让他把所有的鲜血都给那个小姑娘,以便让她活下来。""但是他为什么愿意这样做呢?"医生问。这个越南护士转身问这个小男孩:"你为什么愿意这样做呢?"小男回答:"她是我的朋友。"

为朋友而牺牲,为友谊而奉献一切,除了感动,留给我们的只有思考:我们为朋友做了什么?很多时候,我们所需要的仅仅是一两句关心的话,朋友就知足了。当然,那话里包含着的是一颗真爱的心。真正的友情是我们宝贵的财富,为了友情,我们甚至可以放弃生命,这就是朋友的力量。

一个人结交什么样的朋友,对自己的思想、品德、情操、学识都会有很大的影响。俗话说:"近朱者赤,近墨者黑,近贤则聪,近愚则聩。"古人很重视对朋友的选择。孔子曰:"君子慎取友也。"也有人说:"匹夫不可以不慎取友。"品德高尚的人,历来受人推崇,也是人们愿意结交的对象。而品德低劣的人,常常被人鄙视,极少有人愿与之结交。这就告诫我们,选择朋友要选品德高尚、心胸宽广者。工作中更应如此。孔子说:"与善人居,如入芝兰之室,久而不闻其香,即与之化矣。与不善人居,如入鲍鱼之肆,久而不闻其臭,亦与之化矣。"墨子有更形象的比喻,他把择友比作染丝:"染于苍则苍,染于黄则黄,所入者变,其色亦变。五入而已，而已为五色，故染不可不慎也。"也许你说自己"抗腐性"强，可为什么不"择善而从之"，反而自讨苦吃呢？与高尚的人在一起，你也会感染他的气质，何乐而不为呢？

古人的交友择友之道，我们可以借鉴，慎重择友，时刻牢记，多交朋友，但不可滥交。只有这样，在工作和生活中，才能多一些快乐，少一些烦恼。

朋友多了路好走，普通人是这样，厚禄高官也是这样，足见朋友的重要。但是有时候滥交朋友等于自找麻烦，滥交朋友容易交到损友，损友之于我们有百害而无一益，所以朋友可以广交而不可滥交。

另外，对待各类朋友都应该秉承着择贤人而交，然后以宽和的心去对待他们，方不失交友之道。

## 今日事，今日毕

在很多情况下，一些人能够取得成功，就是因为形成了立即行动的好习惯，因此才会始终站在前列；而另一些人的习惯是一直拖延，直到无法应付的最后一刻，结果他们就被甩到后面去了。

当天的事情当天不做，那就成了拖延。拖延不仅出不了成果，精神也不会轻松，要做的事堆积在心，既不动手做，又忘记不掉，就会像欠债似的感到沉重。

周杰必须在下周一的公司例会上提交一份非常重要的市场分析报告。他很清楚这份报告对公司和他个人的重要性，这会关系到他个人年底的绩效考核。但是，如果要做到尽善尽美，让报告无可挑剔，他就必须在接下来的三个工作日内搜集大量的资料，也许还不得不牺牲自己的业余时间。一想到那些烦琐的表格、数据，他就觉得透不过气来。他对自己说，还是先放一放，现在没心情，等状态好点再开工好了。

就这样，周杰随手打开电脑，看看新闻、聊聊天，一天很快过去，他的状态还是没有"调整"好。星期四、星期五依然如此。

星期六，他痛快地睡了一个懒觉，踢了一会儿球……

星期天的下午，周杰不得不坐下来，面对那份令人讨厌的报告。他连续工作了十多个小时，总算勉强完成了，可是，他自己很清楚，这份粗糙的报告绝对无法让任何人满意。

星期一，当周杰把报告交给上司时，他已经从上司脸上不悦的神情中看到了自己年底的绩效考核分数。他再一次品尝了拖延的苦果。

在日常生活中，有许多应该做的事，不是我们没有想到，而是因为我们没有立刻去做。时间一过，就把它给忘了。其原因，有时是因为忙，有时是因为懒惰。一个事务繁忙的人想到一件事应该做，但他当时没有时间，于是想等一下再说。但是等一下之后，为其他事务分神，就把这件事情给忘了。

有些人虽然不忙，可是他喜欢拖延。该做的事虽然想到了，却懒得立刻着手去做，心里想着："等一下再做吧！"可是，等一下之后，他就忘了，或者已经时过境迁，失去做的意义了。

如果想要做事有效率，最好是"今日事，今日毕"。

养成了"今日事，今日毕"的习惯之后，你就会发现自己随手都有新的成绩，问题随手解决，事务即刻办妥。这种爽快的感觉，会使你觉得生活充实、心情愉快。拖延的习惯不但耽误了工作的进行，而且在自己的精神上也是一种负担。事情未能随到随做，又不敢忘，实在比多做事情更加疲累。

做事要有始有终，这样可以使我们产生强大的责任感，使我们拥有坚强的毅力和恒心，在今后的工作、生活中立于不败之地。

习惯中最足以耽误人的，莫过于拖延的习惯。你应该极力避免拖延的习惯，就像避免罪恶的引诱一样。如果对于某一件事，你发现自己有着拖延的倾向，你就应该立即跳起来，不管它有多么困难，也要马上动手去做。不要畏难，不要偷安。这样，久而久之你就能改掉拖延的习惯。应该将拖延当作你最可怕的敌人，不要让它偷走你的时间、品格、能力、机会与自由，让你成为它的奴隶。

总之，"今日事，今日毕"，千万不要拖延到明天！

# 处世篇

# 第一章

# 世态人情：世事如棋局局新

——洞察世故，掌握主动权

## 远亲不如近邻，近邻不抵对门

常言道："远水不解近渴，远亲不如近邻。"和谐的邻里关系也是良好家风的一部分。

晚清名臣曾国藩对邻里关系就十分重视。他在给儿子纪泽的信中写道：李申夫（曾国藩幕僚）的母亲曾经说过，"（有些人家）用钱和酒款待远方的亲戚，可一旦遇到火灾、盗贼，却只能央求邻居帮忙"，这是告诫富贵人家不能只知道善待远方的亲戚而怠慢近在眼前的邻居啊。

在处理邻里关系方面，曾国藩非常注重一些细节。咸丰二年（1825年）八月，在太湖县任职的曾国藩接到母亲病故的噩耗，连忙返乡奔丧。途中，他怕弟弟和儿子因此事影响邻里关系，就写了一封信给他们,特别叮嘱他们不要催讨亲族乡邻欠他们家的款项,并强调即使送来也可退还。欠债还钱本是天经地义的事,何况在曾家遭遇考妣之丧的大事的时候呢?但曾国藩也借过钱,知道借钱的人都是极为窘迫的,万不得已才开口借钱。所以,曾国藩不催讨是体谅借钱邻里的难处。正是这种想人所想、急人所急的做法,为曾家换来了和谐的邻里关系。

善待邻居也可以说是我们中华民族的优秀传统,这方面也有很多家喻户晓的故事,清代"六尺巷"的故事就是礼让待邻、促进邻里和谐的美谈。

清朝康熙年间,当朝宰相张英的家人打算扩建府宅,与邻居叶家产生了冲突,两家互不相让。张英的家人就给远在京城的张英写信,想请他出面干涉。张英对家人倚官欺人的做法很不满意,就写了一首诗作为回信:"千里家书只为墙,让他三尺又何妨?万里长城今犹在,不见当年秦始皇。"意思是说:"你千里迢迢写来家书,原来就是为了一面墙的事情。就让别人三尺的地方又会怎样呢?你看万里长城今天还在吧,但是修建长城的君王秦始皇早就作古了。"家人看到信后受到感化,打消了锱铢必较的念头,按照张英的意思后退三尺筑墙。叶家一看深受感动,也后退了三尺。结果在张、叶两家之间便让出了一条方便乡邻的六尺小巷。于是就有市井歌谣云:"争一争,行不通,让一让，六尺巷。""六尺巷"的故事从此就成为和谐邻里关系的最佳教材。

《南史》中记载了一则"高价买邻"故事：

有个叫吕僧珍的人，生性诚恳老实，又是饱学之士，待人忠实厚道，从不跟人家耍心眼。吕僧珍的家教极严，他对每一个晚辈都耐心教导、严格要求、注意监督，所以他家形成了优良的家风，家庭中的每一个成员都待人和气、品行端正。吕僧珍家的好名声远近闻名。

南康郡守季雅是个正直的人，他为官清正耿直，秉公执法，从来不愿屈服于达官贵人的威逼利诱，为此他得罪了很多人，一些大官僚都视他为眼中钉、肉中刺，总想除去这块心病。终于，季雅被革了职。

季雅被罢官以后，一家人都只好从壮丽的大府第搬了出来。到哪里去住呢？季雅不愿随随便便找个地方住下，他颇费了一番心思，离开住所，四处打听，看哪里的住所最符合他的心愿。

很快，他就从别人口中得知，吕僧珍家是一个君子之家，家风极好，不禁大喜。季雅来到吕家附近，发现吕家子弟个个温文尔雅，知书达理，果然名不虚传。说来也巧，吕家隔壁的人家要搬到别的地方去，打算把房子卖掉。季雅赶快去找这家要卖房子的主人，愿意出1100万两的高价买房，那家人很是满意，二话不说就答应了。

于是季雅将家眷接来，就在这里住下了。

吕僧珍过来拜访这家新邻居。两人寒暄一番，谈了一会儿话，吕僧珍问季雅："先生买这幢宅院，花了多少钱呢？"季雅据实回答，吕僧珍很吃惊："据我所知，这处宅院已不算新了，也不很大，怎么价钱如此之高呢？"季雅笑了，回答说："我这钱里面，100万是用来买宅院的，1000万是用来买您这位道德高尚、治家严谨的好邻居的啊！"

季雅宁肯出高得惊人的价钱，也要选一个好邻居，这是因为他知道好邻居会给他的家庭带来良好的影响。

家家都有作难的时候，和谐的邻里关系此时就显得尤为重要，正如《教儿经》中所言：莫把邻居看轻了，许多好处说你听。夜来盗贼凭谁赶，必须喊叫左右邻。万一不幸遭火灾，左右邻舍求纷纷。或是走脚或报信，左右邻居亦可行。或是耕田并作地，左右邻居好请人。或是家中不和顺，左右邻居善调停。

生活中就有很多这样感人的事例：

一天，家住广西柳州的蒙先生在看摊时，发现一名小偷进入自己居住的居民楼，陆续搬下来邻居的冰箱、彩电，装在了外面等候多时的小货车上。蒙先生赶紧拨打110报警，并拦住了那辆准备离开的小货车。这时邻居们也纷纷上前，把小偷的车团团围住。几分钟之后,民警赶到现场,将企图逃跑的小偷制伏。

邻居的作用有时候是无可替代的。家住沈阳和平区的陈女士丈夫去世了,上学的儿子又住校,平时就自己一个人。一天晚上,陈女士肾结石发作,疼得昏死过去。邻居侯女士知道后,立即拦车将她送到医院,掏钱帮忙办手续,直到半夜还守在她身边。陈女士醒来后,第一个见到的就是她,"如果没有侯姨,我儿子就成了孤儿了,她的恩情我终生难忘。"陈女士感激地说。

"邻居好,无价宝。"邻居在很多时候,比亲人更能帮助我们解决燃眉之急。好邻居对我们生活的益处,相信大多数人都体验到过,从中受过益,与邻居友好相处,也是生活中必做的功课。

## 名重好题诗

所谓,英雄天下晓,名重好题诗。一个人或者一个企业的知名度对自身的发展有非常大的作用。

有一家饭店,饭店里的生意清淡,店主正拿着一张报纸看今日的娱乐头条。他发现了那上面有自己喜欢的巨星,禁不住高兴地念叨了几句。突然,他觉得这名字有些奇怪,原来他的邻居中有一个与巨星同名的人。他真不愧是一个精明的商人，脑子里马上冒出了一个主意。

他当即打电话给这位邻居，邀请他来参加店庆酒宴，他可以免费获得该饭店的双份晚餐，时间是本星期一晚上9点，欢迎他偕夫人一起来。邻居高兴地同意了。

第二天，这家饭店门口贴出一幅巨型海报，上面写着："欢迎本星期一光临本店。"并在后面嘉宾栏上写上巨星的名字，海报引起当地居民的骚动。

到了星期一，来客大增，创造了该饭店有史以来的最高纪录，大家都要看看巨星的风采。到了晚上9点，店里扩音器开始广播："各位女士、各位先生，巨星光临本店，让我们一起欢迎他和他的夫人！"

霎时，餐厅内鸦雀无声，众人目光一齐投向大门，谁知那儿竟站着一位典型的老农民，身旁站着一位同他一样不起眼的夫人。人们开始一愣，当明白了这是怎么一回事之后，爆出了欢笑声。这种娱乐方式给当天晚上就餐的客人带来了快乐与新鲜感。

此后，店主又继续从电话簿上寻找一些与名人同名的人，请他们每周一来进晚餐，并出示海报告知顾客。从此，这家饭店的名声传开了，生意异常火爆。

虽然这种行为有赖于一点心计与策略，但饭店老板正是利用了这样一种名人效应招揽了客人，取得了生意上的成功。阿迪达斯公司的成功模式也类似于此。

阿迪达斯公司每生产一种新产品，都要请世界体坛明星穿着它参加比赛。为了让明星们心甘情愿地使用它们，还另赏数目可观的报酬。1936年柏林奥运会时，该公司把刚发明的短跑运动鞋赠送给夺标有望的美国黑人选手欧文斯使用。结果，这位"飞人"一连夺得4枚金牌，阿迪达斯的运动鞋，也因此名声大振，畅销世界各地。1982年的西班牙世界杯足球赛上，在参赛的24支球队中，有13队身穿阿迪达斯球衣，8队足穿阿迪达斯球鞋。决赛时，绿茵场上就有3/4的人员——球员、裁判员、巡边员等穿着该公司的产品，连决赛用的足球也是阿迪达斯公司制造的。公司因这次比赛大出风头，在世界体坛广为颂扬，它的产品成了世界体坛最时髦的抢手货。

阿迪达斯公司不但拿产品馈赠体坛明星，而且还馈赠给各界人士。仅1985年一年，该公司所赠总额就达3000万美元。它还在公司总部独出心裁地创建了世界上唯一的一座运动鞋博物馆，专门陈列体坛明星、能手穿过的阿迪达斯运动鞋。其中，有欧文斯穿过的钉鞋、拳王阿里穿过的高统拳击鞋等等。当许多著名运动员来博物馆参观时，公司总是免费给予招待。名人们确实为阿迪达斯公司带来了更大的名气。

名人和名声是一种资源，古今皆然，只不过在商品社会它的价值得到了更大地利用和提高。

## 取敌之长，补己之短

敌人并非一无是处，学会利用敌人，在与敌人对抗的过程中，利用对方的优势，以弥补自己的劣势。这比单纯地对抗要更为明智。

在亚热带，有一个由三种动物组成的非常有意思的生物链：毒蛇、青蛙和蜈蚣。毒蛇的主要食物是青蛙，青蛙却以有毒的蜈蚣为美食，在青蛙面前是弱者的蜈蚣却能够使比自己体形大得多的毒蛇毙命，一般的毒蛇对他都无可奈何，三者间两两都是水火不相容。有趣的是冬季里，捕蛇者却在同一洞穴中发现三个冤家相安无事地同居一室，和平相处地生活。

他们经过世代的自然选择，不仅形成了捕食弱者的本领，也学会了利用自己的克星保护自己的本领：如果毒蛇吃掉青蛙，自己就会被蜈蚣所杀；而蜈蚣杀死毒蛇，自己就会被青蛙吃掉；青蛙吃掉蜈蚣，自己就成为毒蛇的盘中餐。这样一来，为了生存，青蛙不吃蜈蚣，以便让蜈蚣帮助自己抵御毒蛇；毒蛇不吃青蛙，以便让青蛙帮助自己抵御蜈蚣；蜈蚣不杀死毒蛇，以便让毒蛇帮助自己抵御青蛙。三者相克又相生，这是一个多么美妙的平衡局面。

这个平衡格局有个朴素的道理："取敌之长，补己之短"，在敌我争锋中，可以以敌制乱，用敌于我。利用敌人达到让自己更好地生存的目的。

众所周知，联想中国在商用、中小客户上的业务和戴尔一直是狭路相逢的老对手。联想却承认自己从对手身上甚至比从合作伙伴身上学到的东西还多：联想从2003年开始就在逐渐修改销售的薪酬体系，把工资加奖金的方式改得更加趋向于业绩导向，逐渐贴近戴尔的按照毛利提成；2004年，联想取消了客户经理上班打卡的制度，给予了他们更大的自由度；随着自由度的加大，联想对销售客户拜访的监测也开始完善，现在，联想的客户经理们和戴尔的同行一样，每周要递交上周的拜访汇总，并且按照规定接受上司的直接询问……

"戴尔最值得学习的地方是对流程和客户的管理。"前者完善到一个人只要跟着流程走就能做好销售的地步，后者则成为戴尔判断市场和预测销售最好的武器。这就是联想中国所希望移植过来的戴尔基因。在企业后端的供应链和后台的销售支撑系统上，戴尔的成功之处也正在被联想所参考。

向对手学习，是联想不断保持发展活力的根本原因之一。一个集团、企业尚且如此，对于我们个人来说，学会向对手学习，才能拥有永不枯竭的推进能源。

我们应该学会向敌人学习，从敌人那里吸取自己需要的经验。向敌人学习减少了自己探索的风险；向敌人学习还能发现自己的不足，以较小的付出获取较大的利益；向敌人学习更有益于审视自我，扬长避短，发挥优势。

## 人见利而不见害，鱼见食而不见钩

面对利害得失，世人往往只关注其得和利，而忽视害与失。就像鱼儿为贪吃而只见诱饵却看不到鱼钩一样。纵观古今中外，世间不知有多少人生悲剧大都源于这一规律。

我国古代有这样一个故事，鲁国的宰相公仪休非常喜欢鱼，赏鱼、食鱼、钓鱼、爱鱼成癖。

一天，府外有一人要求见宰相。从打扮上看，像是一个渔人，手中拎着一个瓦罐，急步来到公仪休面前，伏身拜见。公仪休抬手命他免礼，看了看，不认识，便问他是谁。

那人赶忙回答："小人子男，家处城外河边，以捕鱼为业糊口度日。"

公仪休又问:"噢,那你找我所为何事,莫非有人欺你抢了你的鱼了?"

子男赶紧说:"不不不,大人,小人并不曾受人欺侮,只因小人昨夜出去捕鱼,见河水上金光一闪,小人以为定是碰到了金鱼,便撒网下去,却捕到一条黑色的小鱼,这鱼说也奇怪,身体黑如墨染,连鱼鳞也是黑色,几乎难以辨出。而且黑得透亮,仿佛一块黑纱罩住了灯笼,黑得泛光。鱼眼也大得出奇,直出眶外。

小人素闻大人喜爱赏鱼,便冒昧前来,将鱼献于大人,还望大人笑纳。"

公仪休听完,心中好奇,公仪休的夫人也觉纳闷。那子男将手中拎的瓦罐打开,果然见里面有一条小黑鱼,在罐中来回游动,碰得罐壁乒乓作响。公仪休看着这鱼,忍不住用手轻轻敲击罐底,那鱼便更加欢快地游跳起来。

公仪休笑起来,口中连连说:"有意思,有意思。的确很有趣。"

公仪休的夫人也觉别有情趣,那子男见状将瓦罐向前一递,道:"大人既然喜欢,就请大人笑纳吧,小人告辞——"公仪休却急声说:"慢着,这鱼你拿回去,本大人虽说喜欢,但这是辛苦得来之物,我岂能平白无故收下。你拿回去——"

老人言

子男一愣，赶紧跪下道："莫非是大人怪罪小人，嫌小人言过其实，这鱼不好吗？"

公仪休笑了，让子男起身，说："哈哈哈，你不必害怕，这鱼也确如你所说奇异喜人，我并无怪罪之意，只是这鱼我不能收。"

子男惶惑不解，拎着鱼，愣在那里，公仪休夫人在旁边插了一句话："既是大人喜欢，倒不如我们买下，大人以为如何？"

公仪休说好，当即命人取出钱来，付给子男，将鱼买下。子男不肯收钱，公仪休故意将脸一绷，子男只得谢恩离去。

又有好多人给公仪休送鱼，却都被公仪休婉言拒绝了。

公仪休身边的人很是纳闷，忍不住问："大人素来喜爱鱼，连做梦都为鱼担心，可为何别人送鱼大人却一概不收呢？"

公仪休一笑，道："正因为喜欢鱼，所以更不能接受别人的馈赠，我现在身居宰相之位，拿了人家的东西又要受人牵制，万一因此触犯刑律，必将难逃丢官之厄运，甚至会有性命之忧。我喜欢鱼现在还有钱去买，若因此失去官位，纵是爱鱼如命怕也不会有人送鱼，也更不会有钱去买。所以，虽然我拒绝了，却没有免官丢命之虞，又可以自由购买我喜欢的鱼。这不比那样更好吗？"

众人不禁暗暗敬佩。

公仪休身为鲁国宰相，喜欢鱼，却能保持清醒，头脑冷静，不肯轻易接受别人的馈赠，这实在很难得。

由此可见，有些事，表面看来能获得暂时的利益，但从长远来看，却"因小失大"，损失惨重，明智的人会既见利也见害，绝不会被眼前的利益所迷惑。

在利益前面我们要预见可能发生的负面影响，在权衡利害之后做出正确的抉择。像下面的故事中亨利食品公司做的一样。

有一次，美国亨利食品加工工业公司总经理亨利·霍金士突然从化验室的报告单上发现：他们生产食品的配方中，起保鲜作用的添加剂有毒，这种毒的毒性并不大，但长期食用会对身体有害。另一方面，如果食品中不用添加剂，则又会影响食品的鲜度，对公司将是一大损失。

亨利·霍金士陷入了两难的境地，到底诚实与欺骗之间他该怎样抉择？最终，他认为应以诚对待顾客，尽管自己有可能面对各种难以预料的后果，但他毅然决定把这一有损销量的事情向社会宣布，说防腐剂有毒，长期食用会对身体有害。

消息一公布就激起了千层浪，霍金士面临着相当大的压力，不仅自己的食品销路锐减，而且所有从事食品加工的老板都联合了起来，用一切手段向他施加压力，同时指责他的行为是别有用心，是为一己之私利，于是他们联合各家企业一起抵制亨利公司的产品。在这种自己食品销量锐减、又面临外界抵制的困境下，亨利公司一下子跌到了濒临倒闭的边缘。

在苦苦挣扎了4年之后，亨利·霍金士的公司已经危在旦夕了，但他的名声却家喻户晓。

后来，政府站出来支持霍金士，在政府的支持下，加之亨利公司诚实经营的良好口碑，亨利公司的产品又成了人们放心满意的热门货。

由于政府的大力支持，加之他诚实对待顾客的良好声誉，亨利公司在很短时间里便恢复了元气，而且规模扩大了两倍。也因此，亨利·霍金士一举登上了美国食品加工业第一的位置。

在诚信与欺骗之间，霍金士没有因为暂时利益而选择欺骗，而是顶住重重压力，退而居守"诚信"。事实证明，他的做法是明智的。实际上，世事往往就是这么奇妙，当你对于眼前利益唾手可得的时候，你一定不要被暂时利益蒙蔽双眼；而要静下心来，守住阵脚，不要盲从大流，不要向压力妥协，而应坚定地选择自己认为正确的道路。这样，当大风大浪过去之后，你会发现，你当初的选择竟为你带来了如此巨大的回报。

### 挫锐解纷，和光同尘

《老子》中在提到"道"时说了一个道理，"挫其锐，解其纷，和其光，同其尘"，字面的意思便是，挫掉锋芒，消除纠纷，含敛光耀，混目尘世。

挫锐解纷，和光同尘，或许听来略显晦涩，其实是在告诉我们一个为人处世的方法。有一个人，可以让我们对这种生活态度有一个深刻的理解。

济颠和尚，又称之为"济公"，他佯狂应世，游戏风尘，为人排忧解难，看似疯疯癫癫，实则一切了然，表面嬉笑尘世，实际心怀慈悲。后人有诗赞曰："非俗非僧，非凡非仙。打开荆棘林，透过金刚圈。眉毛厮结，鼻孔撩天。烧了护身符，落纸如云烟。有时结茅宴坐荒山巅，有时长安市上酒家眠。气吞九州，囊无一钱。时节到来，奄如蜕蝉。涌出舍利，八万四千。赞叹不尽，而说偈言。"

一个鞋儿破、帽儿破、身上袈裟破的行脚僧，一个人人都笑骂的癫头和尚，却是一个行走红尘惩恶扬善的活佛，这便是挫锐解纷，和光同尘。

冲虚自然，永远不盈不满，来而不拒，去而不留，除故纳新，流存无碍而长流不息，才能真正挫锐解纷，和光同尘。凡是有太过尖锐、呆滞不化的心念，便须顿挫而使之平息；倘有纷纭扰乱、纠缠不清的思念，也必须要解脱斩断。

冲而不盈，和合自然的光景，与世俗同流而不合污，周旋于尘境有无之间，却不流俗，混迹尘境，但仍保持着自身的光华。

在日本，耕田的农民被视为贱民，连出家当和尚的资格都没有。无三禅师虽然出身于贱民，但是他一心皈依佛门，于是假冒士族之姓，了却了自己的心愿。后来，无三禅师被众人拥戴为住持。举行就任仪式的那天，有个人突然从大殿中跳出来，指着法坛上的无三禅师，大声嘲弄道："出身贱民的和尚也能当住持，究竟是怎么回事啊？"

就任仪式庄严隆重，谁也没有想到会发生这样的事情，众僧都被眼前发生的事弄得不知所措。在这种情况下，谁都不能来阻止这个人说话，只好屏息噤声，注视着事态的发展。仪式被迫中断，场上静得连一根针掉在地上都能听见，众人都为无三禅师捏了一把汗。面对突如其来的发难，无三禅师从容地笑着回答："泥中莲花。"

绝对的佛禅妙语！在场的人全都喝彩叫好，那个刁难的人也无言以对，不得不佩服无三和尚的深湛佛法。就任仪式继续进行，这突然的刁难并没有对仪式产生什么影响，因为禅师的妙语，为他赢得了更多的支持与拥护。

将"挫其锐，解其纷"的战略运用得得心应手的代表人物之一便是中唐时期的郭子仪。

由唐玄宗开始，儿子唐肃宗，孙子唐代宗，乃至曾孙唐德宗，四朝都由郭子仪保驾。唐玄宗时，安史之乱爆发，玄宗提拔郭子仪为卫尉卿，兼灵武郡太守，充朔方节度使，命令他带军讨逆，唐朝的国运几乎系于郭子仪一人之身。

不止一次，许多国难危急，都被郭子仪一一化解。天下无事时，皇帝担心其功高镇主，命其归野，虽然朝中的文臣武将多半都是郭子仪的门生部属，可是一旦皇帝心存疑虑，他就马上移交权柄，坦然离去。等国家有难，一接到圣旨，他又毫无怨言，化解危难，所以屡黜屡起，四代君主都要倚重于他。

郭子仪将冲虚之道运用得挥洒自如，以雅量荣天下，洞悉世情。汾阳郡王府从来都是大门洞开，贩夫走卒之辈都能进进出出。郭子仪的儿子多次劝告父亲，后来，郭子仪语重心长地说："我家的马吃公家草料的有500匹，我家的奴仆吃官粮的有1000多人，如果我筑起高墙，不与外面来往，只要有人与郭家有仇，略微煽风点火，郭氏一族就可能招来灭族之祸。现在我打开府门，任人进出，即使有人想诬陷我，也找不到借口啊。"儿子们恍然大悟，都十分佩服父亲的高瞻远瞩。

郭子仪晚年在家养老时，王侯将相前来拜访，郭子仪的姬妾从来不用回避。唐德宗的宠臣卢杞前来拜访时，郭子仪赶紧让众姬妾退下，自己正襟危坐，接待这位史书上记载"鬼貌蓝色"相貌丑陋的当朝重臣。卢杞走后，家人询问原因，郭子仪说道："卢杞此人，相貌丑陋，心地险恶，如果姬妾见到他，肯定会笑出声来，卢杞必然怀恨在心。将来他大权在握，追忆前嫌，我郭家就要大祸临头了。"果然，后来卢杞当上宰相，"小忤已，不致死地不止"，但对郭家人一直十分礼遇，完全应验了郭子仪的说法，一场大祸无意间消于无形。

郭子仪一生历经武则天、唐中宗、唐睿宗、唐玄宗、唐肃宗、唐代宗、唐德宗七朝，福寿双全，名满天下。年八十五岁而终，子孙满堂，所提拔的部下幕府中六十多人，后来皆为将相。生前享有令名，死后成为历史上"富"、"贵"、"寿"、"考"四字俱全的极少数名臣之一。历史对郭子仪的评议："功盖天下而主不疑，位极人臣而众不嫉，穷奢极欲而人不非之。"郭子仪私人生活十分奢侈，但上至政府，下至民间，没有一个人批评他不对，于此，郭子仪乃古往今来第一人。

郭子仪的一生便是"挫锐解纷，和光同尘"的最好解读，做人如此，做官如斯，已是人中之极了。

泥中莲花，挫锐解纷，和光同尘，一切了然于胸，世事尽收眼底，看透了富贵名利，自然能够长久屹立。

## 常善人者，人必善之

在看到需要帮助的人就本能地伸出援手的人，当自己遭遇困难时，通常也会适时地得到援助。我们相信好人有好报，想好事，做好事，就会有好结果。正如日本实业家稻盛和夫先生指出的那样，善行必会衍生出另一个善行，善行终会招来善报。

"常善人者，人必善之"，要有愿意为别人服务的精神，俞敏洪就是因为为别人服务的精神而得到了"好结果"。

俞敏洪在北大读书的时候，每天为宿舍打扫卫生，这一打扫就打扫了4年。另外，他每天都拎着宿舍的水壶去给同学打水，把它当作一种体育锻炼。

又过了十年，到了1995年年底的时候新东方做到了一定规模，他想找合作者，结果就跑到了美国和加拿大去寻找他的那些同学。他说他自己当时为了诱惑他们回来还带了一大把美元，每天在美国非常大方地花钱，想让他们知道在中国也能赚钱。

俞敏洪当时想的是大概这样就能让他们回来。后来他们回来了，但是给了俞敏洪一个十分意外的理由。他们说回来是冲着俞敏洪过去为他们打了4年水。他们说，他们知道，俞敏洪有这样的一种精神，所以他们一起回中国，共同为新东方努力。正是由于俞敏洪的这种奉献精神才有了新东方的今天。

"常善人者，人必善之"，想好事，做好事，就会有好结果。一个人做好事不难，难的是一辈子做好事，这是雷锋的朴实语言，它激励并影响着一代代国人。学习雷锋好榜样，是个永恒的主题。好人好报，是中国传统文化的体现，也是人们的衷心期望。

## 身轻失天下，自重方存身

一个人要傲然矗立于天地间，首先必须自重。

"圣人终日行而不离辎重"，这是《老子》中的一句话，并非简单指旅途之中一定要有所承重，而是要学习大地负重载物的精神。

大地负载，生生不已，终日运行不息而毫无怨言，也不向万物索取任何代价。生而为人，应效法大地，有为世人众生挑负起一切痛苦重担的心愿，不可一日失却这种负重致远的责任心。这便是"圣人终日行而不离辎重"的本意。

志在圣贤的人们，始终要戒慎畏惧，随时随地存着济世救人的责任感。倘使能做到功在天下、万民载德，自然荣光无限。道家老子的哲学，看透了"重为轻根，静为躁君"和"祸者福之所倚，福者祸之所伏"自然反复演变的法则，所以才提出"身轻失天下，自重方存身"的告诫。

虽然处在荣华之中，仍然恬淡虚无，不改本来的素朴；虽然燕然安处在富贵之中，依然超然物外，不以功名富贵而累其心。能够到此境界，方为真正悟道之士，奈何世上少有人及，老子感叹："奈何万乘之主，而以身轻天下。"

有两个空布袋，想站起来，便一同去请教上帝。上帝对它们说，要想站起来，有两种方法，一种是得自己肚里有东西；另一种是让别人看上你，一手把你提起来。于是，一个空布袋选择了第一种方法，高高兴兴地往袋里装东西，等袋里的东西快装满时，袋子稳稳当当地站了起来。另一个空布袋想，往袋里装东西，多辛苦，还不如等人把自己提起来，于是它舒舒服服地躺了下来，等着有人看上它。它等啊等啊，终于有一个人在它身边停了下来。那人弯了一下腰，用手把空布袋提起来。空布袋兴奋极了，心想，我终于可以轻轻松松地站起来了。那人见布袋里什么东西也没有，便一手把它扔了。

"轻则失本，躁则失君。"人们不能自知修身涵养的重要，犯了不知自重的错误，不择手段，只图眼前攫取功利，不但轻易失去了天下，同时也戕杀了自己，犯了"轻则失本，躁则失君"的大错。

提及身轻失天下，不由想到了新朝王莽。当了15年新朝皇帝的王莽，是近两千年来中国历史上争议最多的人物之一，有人把他比作"周公再世"，是忠臣孝子的楷模，有人把他看成"曹瞒前身"，是奸雄贼子的榜首。白居易一语道破天机："向使当初身便死，一生真伪复谁知！"

王莽是皇太后王政君弟弟王曼的儿子，父辈中九人封侯，父亲早死，孤苦伶仃。与同族同辈中声色犬马的纨绔子弟相比，王

## 老人言

莽聪明伶俐，孝母尊嫂，生活俭朴，饱读诗书，结交贤士，声名远播。他曾几个月衣不解带地悉心侍候伯父王凤，深得这位大司马大将军的疼爱。加官晋爵后的王莽依旧行为恭谨，生活俭朴，深得赞誉。正当王莽踌躇满志之时，成帝去世，哀帝即位，王莽的靠山王政君被尊为太皇太后，失去了权力，王莽下野，并一度回到了自己的封国。这段时间，王莽依然克己节俭，结交儒生，韬光养晦。为了堵住悠悠之口，哀帝以侍候太皇太后的名义，把王莽重新召回到京师。随着年仅9岁的汉平帝即位，王莽将军国大政独揽一身，其野心也急剧膨胀。而后，一心想当帝王的王莽，假借天命，征集天下通今博古之士及吏民48万人齐集京师，"告安汉公莽为皇帝"的天书应运而生，王莽也理所应当的由"安汉公"而变为摄皇帝、假皇帝。"司马昭之心，路人皆知。"在平定了几多叛乱之后，王莽宣布接受天命，改国号为"新"，走完了代汉的最后一幕。

称帝后，他仿照周朝推行新政，屡次改变币制，更改官制与官名，削夺刘氏贵族的权利，引发豪强不满；他鄙夷边疆藩属，将其削王为侯，导致边疆战乱不断；赋役繁重，刑政苛暴，加之黄河改道，以致饿殍遍野。王莽最终在绿林军攻入长安之时于混乱中为商人杜吴所杀，新朝随之覆灭。

老子说："及吾无身，又有何患。"人的生命价值，在于其身存。志在天下，建丰功伟业者，正是因为身有所存。现在正因为还有此身的存在，因此，应该戒慎恐惧，燕然自处而游心于物欲以外。不以一己私利而谋天下大众的大利，立大业于天下，才不负生命的价值。可惜为政者，大多只图眼前私利而困于个人权势的欲望中，以身轻天下的安危而不能自拔，由此而引出老子的奈何之叹！

要知道，身轻失天下，自重方存身。

## 吃水不忘掘井人

乔治·马歇尔是美国的一代名将，在第二次世界大战中，他作为美国陆军参谋长，对建立国际反法西斯统一战线做出了重要贡献。

鉴于其卓越功勋，1943年，美国国会同意授予马歇尔美国历史上从未有过的最高军衔——陆军元帅。但马歇尔坚决反对，他的公开理由是如果称他"FieldMarshalMarshall"（马歇尔元帅），后两字发音相同，听起来很别扭。其实真正的原因是这将使他的军衔高于当时已病倒的潘兴陆军四星上将，因为马歇尔深知"吃水不忘掘井人"这个知恩图报的道理。马歇尔认为潘兴才是美国当代最伟大的军人，自己又多次受到潘兴将军的提拔和力荐，马歇尔不愿使自己崇敬的老将军的地位和感情受到伤害。

第一次世界大战中，马歇尔随美军赴欧参战。当时的美国远征军司令潘兴非常欣赏马歇尔的才能，大战末期将他提拔为自己的副官，视为得意门生。后来潘兴虽然退役，仍然多次力荐马歇尔晋升。在潘兴的有力影响下，1939 年马歇尔领临时四星上将军衔出任美国陆军参谋长。

有一段小插曲足以说明马歇尔对潘兴的深厚感情。1938 年春，马歇尔前往医院探望潘兴。潘兴若有所思地说："乔治，总有一天你也会像我一样当上四星将军的。"马歇尔满怀感激地回答："美国只有您有资格获四星上将军衔，绝不可能再有另一个人！"听到马歇尔的肺腑之言，潘兴顿时热泪盈眶："谢谢你，乔治！"

马歇尔拒绝当元帅后，为了表示对他的敬意，美军从此不再设元帅军衔。1944 年底，马歇尔晋升五星上将——美军的最高军衔。

现实生活中我们往往会发现这样的现象：一些取得成就的人，往往会上演一幕小人得志的丑剧，将最初的谦恭忘得一干二净，这样的人其实并不具备谦虚的美德。

伟大的人不会如跳梁小丑般，他们的谦恭是由内而外、自始至终的。越在名利的顶峰处显示出的虚心，越发显得弥足珍贵。

季羡林先生在德国留学期间，时逢战乱，生活得不到保障。此时，他得到了许多德国师友的真诚帮助与照顾，最终得以熬过难关。季先生对此一直感激莫名，晚年还趁曾赴德开会的机会特地去探望当年的师友，以示感激。

感恩是一种心态。一个人如果常存感恩之心，就会保持积极良好的心态，对自己的所得感到满足，而不会过多地挑剔；对自己的所失也会处之泰然，而不会过多地失落；对自己的付出会感到自然，而不会认为是吃亏。因此，一个人常存感恩之心，无论对他人、对社会，还是对自己都是非常有益的。

对于我们来说，要常存感恩之心：我们能够来到这世上，享受生活，要感谢父母赋予我们生命；如果我们身体健康，没有疾病，那么我们应该对生活感恩；如果我们从未尝过战争的危险、牢狱的孤独，那么我们应该对社会感恩；如果我们银行里有存款，钱包里有票子，那么我们应该对政府感恩；如果我们父母双全，孩子上进，那么我们应该对家庭感恩；如果我们所在的单位发展迅速，领导关怀，同事团结，事业有成，那么我们应该对单位领导和同事感恩……

我国古代的贤哲和现代的智者都非常注重修炼感恩之心，他们留下了许多知恩图报的动人故事。

春秋时期的齐桓公能够成为五霸之首，鲍叔牙推荐管仲功不可没。当初，管仲辅佐公子纠，为了帮助公子纠争夺齐国王位而箭射公子小白（即后来的齐桓公），小白登上王位之后，不计前嫌，任用管仲为相，总理齐国朝政，终于称霸诸侯。

管仲功成名就之后，也始终未忘报答老朋友鲍叔牙的知遇之恩。当他走向生命尽头的时候，齐桓公请教在他之后谁能继任宰相之位，管仲问齐桓公自己有什么想法，齐桓公说准备让鲍叔牙接任宰相之位，总理齐国政务。可是管仲却建议齐桓公不要让鲍叔牙继任相位。齐桓公听得一头雾水，心想管仲既然要感激鲍叔牙，为什么又不让鲍叔牙继任宰相呢？

其实，管仲不愧是一位智者，考虑问题比一般人要远得多。作为鲍叔牙的好朋友，管仲太了解当时的局势和鲍叔牙的个性了。他不让鲍叔牙继任宰相，是真心对鲍叔牙报恩。因为管仲知道，自己一死，齐桓公也就完了，如果让鲍叔牙继任宰相，一定会死于非命，而不得善终，那他就对不起这位好朋友了。

于是，管仲对齐桓公说："鲍叔牙是君子。即使给他一个大国，但是如果不按照他的方法来治理的话，他也不会接受的。鲍叔牙不可以做宰相，因为他喜欢良善，疾恶如仇，只要见到恶人就会非常忌恨，并且终身不忘。这样就会树敌太多，容易陷入敌手。因此，鲍叔牙不适合继任相位。"

管仲的真实意思是不想让鲍叔牙将命送到小人手里。历史的演绎果然不出管仲所料。管仲死后不久，齐桓公也死了，齐桓公家里争得不可开交，连安葬齐桓公的人都没有，过了很长时间，齐桓公的尸体都生了蛆才入葬。如果鲍叔牙继任相位，肯定难得善终。

人在受人恩惠的时候，会获得温暖和动力；人在施人以恩惠的时候，会获得内心的愉悦和安慰。在这个循环过程中，个人的价值和情感都进行了一次复制和传递，由此价值倍增，彼此受益。常存感恩之心，吃水不忘掘井人是一种高尚的道德境界，是人生最大的拥有，是事业成功的源泉，也是传递人间真爱最朴素的方式。

## 与其苛求环境，不如改变自己

任何人都不可能离开环境而生存，在无法改变环境时，与其苛求环境，不如改变自己。只有弱者才会因为适应不了环境而惨遭淘汰。

有一句老话："事必如此，别无选择。"这几个字令人心痛，却又是不得不承认的真实处境。在人的一生中，总是有一些事情，虽非心甘情愿，却也无可奈何。正如每一条所走过来的路径都有它不得不这样跋涉的理由一样，每一条要走上去的前途也都有它不得不那样选择的方向。逆来顺受是一种无奈，却也是人生的必修课。

在面对生命的起伏不定与阴晴圆缺时，有人仍然能够活得精彩。有人能从磨炼中吸取智慧，有人则在类似的经验中受伤屈服，成功者和普通人的差别就在于此。

一家500强之一的美国公司在选择北京办事处负责人时，通过一个很小的细节考察了应聘者的环境适应能力。当时，共有7名应聘者，其中只有一位是女士。考官故意把应聘者的位置安排在空调下，而且将其功率开得很大。结果，6位男士都无法忍受长达两小时的面试，只有这位女士坚持到了最后。当面试结束时，这位主考官说："由于公司刚在北京成立办事处，属于万事开头难的阶段，所以只有能够适应环境，敢于接受挑战，并且能够以愉快的心情去面对压力的人才会被我们录用。钟女士，欢迎你加入到公司中来。"

改变自己，适应环境的能力是必需的，因为只有从容地适应环境，才能在不断变化的环境中保持旺盛的精力，好整以暇地迎接挑战。

所谓"适者生存"，适应环境是非常重要的。如果你想坦然地面对急剧变化的环境,就需要与现实环境保持良好的接触,心甘情愿以客观的态度面对现实,冷静地判断事实,理性地处理问题,随时调整,保持良好的适应状态。

在我们的人生中总有一些事情,虽非,却也无可奈何。有生之年,我们势必会有许多不愉快的经历,它们是无法逃避的,我们也是无法选择的。我们只能接受不可避免的现实,努力做自我调整。

当我们学会"与其苛求环境,不如改变自己"时,就会有能力开创更丰富的人生。人,贵为宇宙的精华、万物的灵长,是可以通过改变自己来接受任何现实的。

松树无法阻止大雪压在它的身上,蚌无法阻止沙粒磨蚀它的身体,但它们可以弯曲自己,可以包裹沙子来适应这悲惨的遭遇,学会和环境化敌为友,这是一种适应性,也是一种生存的技巧。人类作为万物的灵长,又怎能屈居于这些小生物之下?正如席慕蓉所说:"请让我们相信,每一条所走过来的路径都有它不得不这样跋涉的理由,每一条要走下去的前途都有它不得不那样选择的方向。"我们也许没有选择的权利,但我们有改变自己的能力。

## 想人所想，急人所急

胡雪岩说："送礼，总要送人家求之不得的东西。"但是如果你能送对方急需的东西，那效果可就非同一般了，因为雪中送炭是最能打动人内心的。

左宗棠打败太平军，成功收复杭州，胡雪岩再一次察觉机会来了，立即赶到杭州，想要接近左宗棠。左宗棠对于这位远道而来的商客没有什么好脸色，传言他以购粮为名携带巨款逃到上海去了，来找我又是个什么名堂，不可能白白来送死，让我捉了他斩首示众？

胡雪岩来到左宗棠的府上，人家连个赐座的意思都没有，使得胡雪岩尴尬不已。"人在屋檐下，不得不低头"，胡雪岩只能耐着性子，毕恭毕敬地同左宗棠交谈。首先当然是恭贺左宗棠收复杭州，其次，胡雪岩还不忘来段恭维的答谢词，感谢他解救了生灵涂炭的杭州城，让百姓过上了安宁的日子。本是故意给胡雪岩难堪的左宗棠，在这样一番礼数下倒也拉不下面子，便示意胡雪岩坐下。

坐定后，左宗棠开门见山便提到了王有龄，还有关于杭州购粮一事。这倒正好给了胡雪岩一个陈述的机会。他前前后后细说了当初王有龄托付他带着巨款去上海购粮一事，从杭州城出来之后,不仅粮食买好了,连粮船都已经到了钱塘江,可当时,太平军把整个杭州城守的甚是森严,里面的人是出不来,外面的人进不去,在苦等数日之后,实在没有办法,才离开钱塘江的。这怎么算是逃跑呢?

左宗棠听完之后,对这件事情,甚至对胡雪岩都有了改观的态度。但是胡雪岩终究是个能说会道的商人,保不准添油加醋在里面。胡雪岩知道,光靠说是不能让他完全相信自己的,于是从身上拿出两万两银票,交给左宗棠,并且声称是当初王有龄给自己办粮所剩的银票,本是国家所有。两万两银票虽然对于整个军队而言算不了什么,但是眼下,还是能解燃眉之急的,左宗棠于是叫了手下,收下银票。

胡雪岩接着又说,对于王大人,我虽然尽力了,但是总觉得亏欠他,因为受了托,却没有办到手。不过,到了今天总算可以交差了。左宗棠问他,何以这样说?

胡雪岩说,我购买了一万石米,停在江面上,还有一批军用的药品,打算献给左大人的队伍,既感谢左大人为百姓的付出,也完成王大人生前所托,告慰他在天之灵。

听了这话的左宗棠,可真是喜到了心底里。因为这几天以来,他一直在为士兵的粮食和药品愁眉不展,这几年庄稼收成不好,再加上杭州城里刚被战火洗劫,饿死的百姓不计其数,士兵吃饭也成了个问题，没有了粮食，哪还有力气来杀敌。一听到胡雪岩有一万石米就在江面的船上，而且还是以这样大义的理由，能不高兴吗？

左宗棠立即吩咐下人摆酒，同胡雪岩交谈起来。

粮食的问题是解决了，可军饷没着落。每月筹集二十万银两的军费，可不是简单的。胡雪岩这个时候倒是想到了一个办法。太平天国运动以来，其官兵积累的钱财是很多的，如今打了败仗，人可能能够苟且生存，但财不一定能够带走。假如左宗棠宣布，凡太平军官兵，只要你投降，便网开一面，允许你光明正大的做人，前提是你必须要缴纳一定的罚款。左宗棠听后，大赞这个方法极妙，当即命胡雪岩着手办理此事。为了让人相信，这并不是个什么幌子，胡雪岩还打出了自己钱庄的名号，果不其然，这个办法有了很好的成效。

粮食、军饷，样样都到了左宗棠的心坎上，于是对于胡雪岩的才华非常赏识，很快便把他视为自己的左右手对待。

胡雪岩初遇左宗棠时，遭到了冷遇，但是，胡雪岩没有就此打退堂鼓，而是胸有成竹地面对问题。他不仅分析了左宗棠的性格，按照他的性子冷静地应付着。还在事前了解到左宗棠最关心的问题——粮食、药品和军饷，并把这些需求都付诸实践，送给了左宗棠，胡雪岩由此在左宗棠心中的地位就完全不一样了。

与人交往，不在于你能给出多少物质上的东西，而是要懂得对方需要什么。想人所想，急别人之所急，自然能交到朋友。

## 不管闲事终无事

俗话说："各人自扫门前雪，休管他人瓦上霜。"意思是告诉我们要管好自己，不要去管别人的事。这多少有些人情冷漠的意思，当然不值得推崇，然而这句话多少还有一些道理值得借鉴。帮助人是每个人都必须做的事情，但是在帮助别人的时候一定要考虑：这个帮助是否必要，是不是正确的。如果帮忙的方式不对，那么最终帮忙就会变成管闲事，而管闲事只会招致别人的厌烦，而不管闲事终究会无事。

帮忙和管闲事其实只有一线之隔，帮忙帮到了点上就会让朋友心生温暖、充满感激，而管闲事只会让朋友哭笑不得，尴尬不已，甚至会反目成仇。想要帮忙就一定要帮到点子上，而不只是凭着自己盲目的"热情"去做事，而丝毫不去理会对方愿不愿意接受。

韩昭侯是战国时期韩国的国君，有一次他酒醉后坐在椅子上打瞌睡。为国君管理冠冕的侍从担心昭侯受凉，于是就给他盖上了一件衣服。不久，昭侯醒过来后看到身上盖的衣服很高兴，他觉得他的臣子对他非常忠心。于是便和蔼地询问左右道："寡人打盹的时候，是什么人为寡人盖上的衣服呢？"左右侍卫回答说："是管理冠冕的侍从担心大王受凉而为大王盖上的。"

韩昭侯听后，竟然出人意料地下令将管理冠冕的侍从以及管理衣服的侍从通通予以处罚。昭侯大声申斥道："寡人处罚管理衣服的侍从，是因为他没有尽到他的职责。寡人处罚管理冠冕的侍从，是因为他逾越了自己的职责范围。"

韩昭侯认为，虽然管理冠冕的侍从给自己盖衣服是忠君的表现，使自己的身体免于寒冷的侵袭，但是犯他人职责带来的不良影响，远远超过了寒冷带给自己身体的不适。

尽好自己的本分，不要去管别人的闲事是一门非常深的学问，自己以为自己是在为别人分忧，其实是在插手自己不该做的事情，这不会得到任何的夸赞，相反会招致别人的厌恶。

《庄子·逍遥游》里记载了这样一个故事：相传在远古时候，在阳城有一位很有才能、很有修养的人，他的名字叫许由。他在箕山隐居，人们都十分敬佩他。

当时尧帝想把帝位让给许由，于是尧帝对他说："你看，天上的日月已经出来了，这时还不熄灭蜡烛的火光，它的光同日月比起来，太微不足道了！天上的及时雨已经降落了，这时还要用人工去灌溉，难道不是徒劳吗？先生很有才华，要是当了帝王，一定会治理好天下。如果仍旧让我继续占着这个帝位，我心里会觉得非常惭愧，所以请允许我把天下交给您吧！"

许由不愿接受帝位，于是连忙推辞说："您已经把天下治理得很好了，我再来代替你，这是非常不合理的。鹪鹩在森林里筑巢，有一根树枝的地方就足够了，鼹鼠在河边饮水，顶多喝满一肚子也就够了。算了吧，我的君主！天下对我来说又有什么用呢？厨师在祭祀的时候，又做菜，又备酒，忙得不可开交，可是掌管祭祀的人，并不能因为厨师很忙，而忘记了自己的本职工作，丢下手中的祭祀用具，去代替厨师做菜、备酒啊！你就是丢开天下不管，我也绝不会代替你的职务。"说罢，许由就到田间劳动去了。

许由是聪明的，他懂得不是自己的事情，他绝对不会去插手，正所谓"不在其位，不谋其政"，不是自己的事情就不要去多管闲事。

帮助人是好的，但一定要掌握好帮忙与多管闲事之间的差别，只有用正确的方法帮助需要帮助的人，才叫真正的帮助人；而如果盲目地去插手别人的事情，最终只会换来别人的埋怨，那样多管闲事还不如不管闲事，不管闲事就会无事了。

# 第二章

# 做人哲学：谦则能和，傲则易怒

——高标做事，低调做人

## 生气不如争气，翻脸不如翻身

德国哲学家康德曾说："生气是拿别人的错误惩罚自己。"在我们的日常生活中，每个人都会经历许许多多的磨难，比如工作上的、家庭上的，谁都不敢说自己一辈子不会遇到这些问题。当我们因这些问题一遍一遍地折磨自己时，那么为什么不试着绕开它，去做个聪明的人，去好好善待自己呢？

只有那些特别愚蠢的人才会一味地去生气，而聪明的人则想的是怎样去争气。世界上没有过不去的火焰山，我们何必拿着别人的错误来惩罚自己呢？有生气的时间和精力，还不如用在自己的工作、学习和事业上，让自己的知识领域拓宽，让自己睿智起来，这样才会让自己的实力增强。生气没有用，只有为自己赌口气,自己去争气,这才是你的唯一出路,所以"生气不如争气,翻脸不如翻身"。

南北朝时的高洋是一个懂得适时弯曲的人。高洋在尚未称帝时,政权在其兄长高澄的手里。高洋的妻子十分美艳,高澄很嫉妒,而且心里很是不平。高洋为了不被高澄猜忌,装出一副朴诚木讷的样子,还时常拖着鼻涕傻笑。高澄因此将他视为痴物,从此不再猜忌高洋。高澄时常调戏高洋的妻子,高洋也假装不知。后来高澄被手下刺杀,高洋为丞相,都督中外诸军。朝中大臣素来轻视高洋,而这时高洋大会文武,谈笑风生,与昔日判若两人,顿时令四座皆惊,从此再不敢藐视。高洋篡位后,初政清明,简静宽和,任人以才,驭下以法,内外肃然。

当时西魏大丞相宇文泰听到高洋篡位,借兴义师的名义,进攻北齐。高洋亲自督兵出战,宇文泰见北齐军容严盛,不禁叹息道:"高欢有这样的儿子,虽死无憾了!"于是引军西还。

在今天的现实生活中,已不存在这种不忍让就会动辄丢性命的屈伸之道了,但适时弯曲是必需之策。弯曲时更容易看清彼此更多的东西,更有利于沟通和进步。

一个名叫拉升·彼德的男士在海军服役两年后,回到了美国首都华盛顿,之前服务的那家广播公司正等待他继续去做播音工

老人言

作，但是换了个新上司。由于某种原因，这位新上司好像不大愿意接受他。

他憋着劲儿要在各个方面和他的上司比个高低，于是他冷静、谨慎地工作着。新上司对他主持的节目时间重新安排以后，他按捺不住了。他一直是和老搭档主持某个喜剧节目的，而新安排的时间差得不能再差了——将近午夜。

他怒火中烧，准备和上司干一场，但是为了饭碗他还是忍了下来。搭档和他接受了这个倒霉的时间安排，兢兢业业地工作着，三年后，这个节目成为华盛顿首屈一指的节目。

一天，新上司主动邀他参加电台的聚会，这次是躲不掉了。晚会上，他遇到了上司的未婚妻。她是个聪颖、活泼、务实的姑娘。像她这样的姑娘怎能喜欢一个没有什么可取之处的人呢？通过上司的未婚妻，他对上司的人格品行的看法有了转变。

随着时间的流逝，他的态度转变了——上司的态度也变了。后来，他们成了好朋友。他仍在全国广播公司工作，并在全国一档著名的电视节目中主持气象预报。

己不如人时，当面翻脸、发泄怒火只会自取灭亡，懂得适时弯曲、暗中发力才是求胜之道。当遭遇别人的欺辱时，是生气对自己有利，还是忍下这口气对自己更有利？是翻脸对自己有利，还是适时弯曲对自己更有利？这是不言自明的。当然，不能为弯曲而弯曲，要在弯曲时不忘积极进取，最后一鸣惊人，显示出强者的实力时，自然会赢得别人的尊重。

## 学会低头，才能出头

低调做人既是一种处世哲学，又是一种处世姿态，更是一种理智的人生选择。

不少人在春风得意时都极易喜形于色，夸耀自己；身处高位，都易颐指气使，飞扬跋扈；稍有才能便妄自尊大，目中无人。那种唯恐天下人不知的彰显心理不知害了多少人。保持低调行事作风的人恰恰相反，他们无论在什么情况下都不显山露水，不愿意让别人看到自己高出于人的那一面。

汉更始元年，刘秀指挥昆阳之战，震动了王莽朝廷。然而，刘秀兄弟的才干也引起了更始皇帝刘玄的嫉妒。

刘玄本是破落户子弟，投机参加了农民起义军，没有什么战功，自当上更始皇帝后，又整日饮酒作乐，不事朝政。刘玄怕刘秀兄弟夺了自己的皇位，便以"大司徒刘縯久有异心"的莫须有罪名，将立有战功的刘縯杀害了。刘秀接到兄长被杀害的消息，几乎昏厥，但当着信使的面仍极力克制自己，说道："陛下至明。刘秀建功甚微，受奖有愧，刘縯罪有应得，诛之甚当。请奏陛下,如蒙不弃,刘秀愿尽犬马之劳。"转而,刘秀又对手下众将说:"家兄不知天高地厚,命丧宛县,自作自受。我等当一心匡复汉室,拥戴更始皇帝,不得稍有二心。皇帝如此英明,汉室复兴有望了。"刘秀的这种虔诚态度,感动得众将纷纷泪下。刘秀突然遭此打击,自然难以忍受,然而他心里清楚,刘玄既然杀了兄长,对他刘秀也难容。

此后,刘秀对刘玄更加恭谨,绝口不提自己的战功。刘秀的行动,早已有人密报给刘玄。刘玄在放心的同时,觉得有些对不起刘秀,便封刘秀为破虏大将军,行大司马之事,并令刘秀持令到河北巡视州郡。刘秀借机发展自己的力量,定河北为立足之地。更始三年初春,刘秀实力已壮,便公开与刘玄决裂。更始三年六月己未日,刘秀登基,是为光武帝,建国号汉,史称东汉。

力求出人头地,是一种积极的人生态度,无可厚非。但急于出头,行高于人,让自己鹤立鸡群,必定会遭遇别人的嫉妒和排斥。细观刘秀的处世之态,也许你会得到许多启发。你可以让自己的才能高出于人,但绝不可让自己显出高人一等的姿态。不显不露是一种低调,只有低调的人,才能在困境中学会低头,也只有适时低头的人,才能最终从芸芸众生中脱颖而出。

## 弓硬弦常断，人强祸必随

刚闯入社会、开始工作的我们年轻气盛，雄心勃勃，好大喜功。在工作中，稍微取得了一点功绩顿时就雄心万丈、得意扬扬，甚至在别人面前耀武扬威。岂不知炫耀的背后往往是"满招损"，骄傲通常都是招致灾难的祸根。

年羹尧建功沙场，以武功著称。1700年考中进士后入朝做官，"更无舟楫碍，从此百川通"，进入官场的年羹尧仕途平坦，升迁非常很快，在1709年做上了四川巡抚的位子。用不到10年的时间，年羹尧成为封疆大吏，此时的年羹尧深得康熙赏识。康熙希望他"始终固守，做一好官"，对他寄予厚望。

年羹尧也不负康熙厚爱，在击败准噶尔部首领策妄阿拉布坦入侵西藏的战争中，立下汗马功劳。1718年，年羹尧被授为四川总督，兼管巡抚事，统领军政和民事。1721年，年羹尧进京入觐。康熙御赐弓矢，并擢升年羹尧为川陕总督，成为西陲边境的重要大臣。当年九月，青海郭罗克地方叛乱，在正面进攻的同时，年羹尧又利用当地部落土司之间的矛盾，辅之以"以番攻番"之策，迅速平定了这场叛乱。叛乱平定后，抚远大将军被召回京，年羹尧受命与管理抚远大将军印务的延信共同执掌军务。

到了雍正即位之后，年羹尧更是备受倚重。在有关重要官员的任免和人事安排上，雍正每每要询问年羹尧的意见，并给予他很大的权力。在年羹尧管辖的区域内，大小文武官员一律听从年羹尧的意见来任用。由于两人私交也很好，雍正对年羹尧的宠信到了无以复加的地步，年羹尧所受的恩遇之隆，也是古来人臣罕能相匹敌的。1724年10月，年羹尧入京觐见，获赐双眼孔雀翎、四团龙补服、黄带、紫辔及金币等非常之物。年羹尧本人及其父年遐龄和一子年斌均已封爵位，11月，又以平定卓子山叛乱之功，赏加一等男世职，由年羹尧次子年富承袭。

在生活上，雍正对年羹尧及其家人也是关怀备至。年羹尧的手腕、臂膀有疾及妻子得病，雍正都再三垂询，赐送药品。对年羹尧父亲年遐龄在京情况，年羹尧之妹年贵妃以及她所生的皇子福惠的身体状况，雍正也时常以手谕告知。至于奇宝珍玩、珍馐美味的赏赐更是时时而至。一次赐给年羹尧荔枝，为保证鲜美，雍正令驿站6天内从京师送到西安，这种赏赐甚至可与"一骑红尘妃子笑"相媲美了。

但是，随着权力的日益扩大，年羹尧以功臣自居，变得目中无人。一次他回北京，京城的王公大臣都到郊外去迎接他，然而他对这些人正眼都不带看一下，显得非常傲慢无礼。甚至对雍正有时也不恭敬，一次在军中接到雍正的诏令，按理应摆上香案跪下接令，但他随便一接了事，这令雍正很气愤。他一出门，威风凛凛不算，就连他家一个教书先生回江苏老家一趟，江苏一省长官都要到郊外去迎接。此外，他还大肆接受贿赂，随便任用官员。雍正渐渐对他忍无可忍。

1726年初，年羹尧给雍正进贺词时，竟把话写错，赞扬的语言成了诅咒的话。雍正以此为借口，抓了年羹尧，此后又罗列了多条罪状，将他彻底打倒。最后，年羹尧在雍正的谕令下被迫自杀。年羹尧父兄族中任官者俱革职，嫡亲子孙发遣边地充军，家产抄没入官。叱咤一时的年大将军最后以身败名裂、家破人亡告终。

稍微取得了一点成就便作威作福，目中无人，天上地下唯我独尊，最后遭受失败也是情理之中的事情。

年羹尧倚仗功勋，无视朝纲，最终人强祸随，招来杀身之祸。所谓枪打出头鸟，做人一点不知谦逊低调，便很容易遭受别人因看不惯而做出的攻击。诸如此类的例子，不胜枚举，最为人们熟知且扼腕的当属历史上蜀国的关羽。三国时期，关羽也是因为妄自尊大才导致祸的。

自刘备攻取益州以来，关羽一直坐镇荆州。荆州包括南阳、南郡、江夏、武陵、长沙、桂阳、零陵7个郡，是曹操、刘备、孙权三方必争的战略要地。赤壁之战后，曹操还占据着南阳郡和南郡的北部，孙权占据着江夏郡和南郡的南部，其余四郡被刘备所"借"。孙权曾多次派人接手长沙、零陵、桂阳三郡，都被予以拒绝。孙权一怒，马上派吕蒙率领两万兵马用武力接收这3个郡。吕蒙夺得了长沙、桂阳两郡后，刘备急忙亲率五万大军下公安，派关羽带领三万兵马到益阳去夺回那两个郡。孙权也亲自到陆口，派鲁肃领一万兵马扎在益阳，与关羽相拒。东吴的军队和关羽的军队都在益阳扎营下寨，彼此对峙。此时，曹操攻下了汉中，刘备为联合孙权共同抵抗曹操，决定与孙权平分荆州。为了与关羽重修旧好，孙权想与关羽联姻，不想竟被目中无人的关羽以"虎女岂肯嫁犬子"拒绝。这种侮辱性的语言攻击让孙权很生气，后果很严重。

为了实现诸葛亮和刘备在《隆中对》中所筹划的跨据荆、益二州，待时机成熟时荆州军队直下宛（今河南南阳）、洛（今陕西南部），完成统一大业的计策，关羽一直虎视襄、樊。建安二十四年（219年），镇守荆州的关羽，抓住战机，亲自率领主力北攻荆襄。当时魏国征南将军曹仁驻守樊城，将军吕常驻襄阳。曹操从汉中撤军到长安后，派遣平寇将军徐晃率军支援曹仁，屯于宛城（今河南南阳）。樊城之战开始后，曹操又派左将军于禁、立义将军庞德前往助守，屯驻于樊城以北。

此战中，关羽利用地势，水淹七军，活捉于禁。此时，魏国荆州刺史胡修、南乡（治南乡，今河南淅川东南）太守傅方，均降于关羽，陆浑（今河南嵩县东北）人孙狼等，亦杀官起兵，响应关羽，关羽声势一时"威震华夏"，以致曹操想迁都以避其锋芒。

此时的孙权受关羽如此傲慢对待，早有攻取荆州之意。曹操派使者与孙权结成联盟，并答应许给孙权荆州之地。吕蒙推荐陆逊代替自己，当时的陆逊年少多才却无名望，正任定威校尉。陆逊到任后，派使者给关羽送去了礼物和一封信，信上恭维关羽水淹七军，功过晋文公的城濮之战和韩信的背水破赵，还撺掇关羽继续发挥神威，夺取彻底的胜利。关羽看到陆逊是个无名晚辈，对自己又如此恭敬、诚恳，根本没把他放在眼里，就大胆放心，把荆州大部分军队陆续调到了樊城。

围攻樊城的战争开始后，腹背受敌的关羽败走麦城，为吕蒙所擒，一代英雄就此陨灭。"关羽万人之敌，为世虎臣。羽报效曹公，有国士之风。然羽刚而自矜，以短取败，理数之常也。"水淹七军之后，好大喜功的关羽从此更是眼里放不下一个人，然而紧接着跟来的便是身首异处的悲惨下场。

自傲者往往是偏见者，狭隘的眼光只看得到自己的长处和别人的短处，用自己的长处跟别人的短处作比较，优越感自然就产生了。这种缺乏自知之明、莫名其妙的优越感就是葬送自己前程的罪魁祸首。

做人需不傲才以骄人，不以宠而作威。记住，"弓硬弦常断，人强祸必随"，任何时候我们都不要自视高人一等。

## 多做事，少抱怨

常听人教诲，要"多做事，少抱怨"。可是，有很多人经常怨天尤人，就是不在自身上面找原因。实际上，一个人失败的原因是多方面的，只有从多方面入手寻找失败的原因，并有针对性地进行自省，才能起到纠错的作用。

科尔斯在一家500强公司上班，他很不满意这份工作，愤愤地对朋友说："我的老板一点也不把我放在眼里，我在他那里工作一点儿机会都没有。明天我就要对他拍桌子，然后辞职不干了。"

"你对公司的业务完全弄清楚了吗？对于他们做国际贸易的窍门都搞通了吗？"他的朋友反问。

"没有。"

"君子报仇十年不晚，我建议你好好地把公司的贸易技巧、商业文书和公司运营完全搞清楚，甚至如何修理复印机的小故障都要学会，然后辞职不干。"朋友说，"你把你们的公司当作免费学习的地方，等所有东西都学会了之后再一走了之，这样不是既有收获又出了口气吗？"

科尔斯听从了朋友的建议，从此便默记偷学，下班之后也留在办公室研究商业文书。

一年后，朋友问他："你现在学会了许多东西，可以准备拍桌子不干了吧？"

"可是我发现近半年来，老板对我刮目相看，最近更是不断委以重任，又升官、又加薪，我现在是公司的红人了。"

"这是我早就料到的。"他的朋友笑着说，"当初老板不重视你，是因为你的能力不足，而又不努力学习。之后你痛下苦功，能力不断提高，老板当然会对你刮目相看。"

作为企业的一名员工，要想在工作中取得成功，必须适时清理一下内心的"乌云"，经常自查自省，把负面的因素扔进"垃圾桶"。"多做事，少抱怨"，在工作出了差错时，不能一味地逃脱责任，应该多思索和反省自己的过失与责任。这是一个员工自我成长和完善的过程，同时也是对一名优秀员工的衡量标准。

一个人只有不断地反省，才会不断地提高。

## 放下身段，不言自高

如果你想把事做成，不妨以一种低姿态出现在对方面前，表现得谦虚、平和、朴实、憨厚，甚至愚笨、毕恭毕敬，使对方感到自己受尊重，比你聪明，在谈事时也就会放松警惕。

其实，以低姿态出现只是一种表面现象，是为了让对方从心理上感到一种满足。实际上，表面谦虚的人，反而是非常聪明的人。当你表现出大智若愚来，使对方陶醉在自我感觉良好的气氛中时，你就已经受益匪浅，已经达到了你的目的。

你谦虚时，显得他高大；你朴实和气，他就愿与你相处，认为你亲切、可靠；你恭敬顺从，他的指挥欲得到满足，认为与你配合很默契，很合得来；你愚笨，他就愿意帮助你。这种心理状态对你非常有利。

相反，你若以高姿态出现，处处高于对方，咄咄逼人，对方就会感到紧张，做事就没把握了，而且容易产生一种逆反心理，使工作难以进行。

因此，为了把事办成，不妨常以低姿态出现在别人面前，使别人感到安全时，你自己也是安全的。

赫蒙是美国著名的矿冶工程师，毕业于美国的耶鲁大学，在德国的弗莱堡大学拿到了硕士学位。可是当赫蒙带齐了所有的文凭去找美国西部的大矿主赫斯特的时候，却遇到了麻烦。那位大矿主是个脾气古怪又很固执的人，他自己没有文凭，所以就不相信有文凭的人，更不喜欢那些文质彬彬又专爱讲理论的工程师。赫蒙前去应聘并递上文凭时，满以为老板会乐不可支，没想到赫斯特很不礼貌地对赫蒙说："我之所以不想用你，就是因为你曾经是德国弗莱堡大学的硕士，你的脑子里装满了一大堆没有用的理论，我可不需要什么文绉绉的工程师。"聪明的赫蒙听了不但没有生气，相反，他心平气和地回答："假如你答应不告诉我父亲的话，我要告诉你一个秘密。"赫斯特表示同意，于是赫蒙小声对赫斯特说："其实我在德国的弗莱堡并没有学到什么，那三年就好像是稀里糊涂地混过来一样。"赫斯特听了笑嘻嘻地说："好，那明天你就来上班吧。"就这样，赫蒙通过了面试。

美国著名政治家帕金斯 30 岁那年就任芝加哥大学校长，有人怀疑他那么年轻能不能胜任大学校长的职位，他知道后只说了一句："一个 30 岁的人所知道的是那么少，需要依赖他的助手兼代理校长的地方是那么的多。"就这短短的一句话，使那些原来怀疑他的人一下子就放心了。

许多人往往喜欢表现出自己比别人强，或者努力地证明自己是有特殊才干的人，然而一个真正有能力的人是不会自吹自擂的，所谓"自谦则人必服，自夸则人必疑"，就是这个道理。保持低姿态，先让别人感到缺他不可，努力寻找并讲出对方的优点，就会让对方觉得有面子，感到光彩。这样一来，对方与你的关系便近了一步，最终，得到好处、被人尊重的，还是你。可以说，低姿态正是胜利者的姿态。

一个容器若装满了水，稍一晃动，水便溢了出来。一个人若心里装满了骄傲，便再也容纳不了新知识、新经验和别人的忠言了。古语常说"谦虚使人进步"，谦就是一种礼貌，一种礼节上的心态；虚就是一种空杯心态，把自己归零。

乔布斯创建的苹果品牌红极一时，他甚至获得了国家所奖励的勋章，就连他自己都承认，当荣誉来得太快，身份提升得过于迅猛，真得不是一件特别幸运的事。

那时候的苹果公司其实已经出现了危机，因为各大企业发现了电脑的利润，都开始纷纷研发出个人电脑，抢占市场份额。而苹果公司里的员工与管理层也觉察出了企业危机，纷纷为乔布斯出谋划策。乔布斯当时的表现是非常生气，他只相信自己，甚至提醒大家不要忘记了他的身份，他觉得自己没有错。

因为乔布斯的一意孤行，他们的苹果电脑终于开始节节败退，员工和管理层对乔布斯的抱怨开始甚嚣尘上，每个人提起他，都不再是从前的敬仰，而是非常生气。乔布斯觉得在这样的环境下，已经不能再让自己很好的工作。于是，他选择了辞职。

离开了苹果的乔布斯又组建了新的公司，一切从零开始，也正是由此，他开始反思当初作为一个董事长自己的所作所为。当他发现从一个普通员工的角度来看，自己确实错了的时候，他开始积极地想出补救措施，为自己的江山开辟出了一个新的领域。

当他以后重新回到苹果公司的时候，所有的员工看着眼前这个崭新的乔布斯，没有了他从前的戾气与强权，有的只是温和的微笑，大家对他的回归报以了最热烈的掌声。

一个已经装满了水的杯子难以再装别的东西了，人心也是如此。

人生就是汲取各种养分、滋养生命的过程。如果我们带太多的自满上路，就像那个装满水的杯子，再也容不得半点水进入，这将是人生最大的悲哀。在人生的旅途中，每一个即将上路或已在路上的人都一定要牢记，不论什么时候，都要学会谦虚。学无止境，心有空余，才能装物。

## 辱人者必自辱

现实中，有些人自以为是，心中没有平等的观念，总喜欢拿别人的缺陷或长相来歧视他人，结果反被他人羞辱。

## 老人言

春秋末期，齐国和楚国都是大国。有一次，齐王派大夫晏子去访问楚国。楚王仗着自己国势强盛，想乘机侮辱晏子，显显楚国的威风。

楚王知道晏子身材矮小，就叫人在城门旁边开了一个五尺来高的洞。晏子来到楚国，楚王叫人把城门关了，让晏子从这个洞进去。晏子看了看，对接待的人说："这是个狗洞，不是城门。只有访问'狗国'，才从狗洞进去。我在这儿等一会儿，你们先去问个明白，楚国到底是个什么样的国家？"接待的人立刻把晏子的话传给了楚王，楚王只好吩咐大开城门，迎接晏子。

晏子见了楚王，楚王瞅了他一眼，冷笑一声，说："难道齐国没有人了吗？"晏子严肃地回答："这是什么话？我国首都临淄住满了人。大伙儿把袖子举起来，就是一片云；大伙儿甩一把汗，就是一阵雨；街上的行人肩膀擦着肩膀，脚尖碰着脚跟。大王怎么说齐国没有人呢？"楚王说："既然有那么多人，为什么打发你来呢？"晏子装着很为难的样子，说："您这一问，我实在不好回答。撒谎吧，怕犯了欺骗大王的罪；说实话吧，又怕大王生气。"楚王说："实话实说，我不生气。"晏子拱了拱手，说："敝国有个规矩：访问上等的国家，就派上等人去；访问下等的国家，就派下等人去。我最不中用，所以派到这儿来了。"说着他故意笑了笑，楚王只好赔着笑。

接着,楚王安排酒席招待晏子。正当他们吃得高兴的时候,有两个武士押着一个囚犯,从堂下走过。楚王看见了,问他们:"那个囚犯犯的什么罪?他是哪里人?"武士回答说:"犯了盗窃罪,是齐国人。"楚王笑嘻嘻地对晏子说:"齐国人怎么这样没出息,干这种事儿?"楚国的大臣们听了,都得意扬扬地笑起来,以为这一下可让晏子丢尽了脸了。哪知晏子面不改色,站起来,说:"大王怎么不知道啊?淮南的柑橘,又大又甜。可是橘树一种到淮北,就只能结又小又苦的枳,还不是因为水土不同吗?同样道理,齐国人在齐国安居乐业,好好地劳动,一到楚国,就做起盗贼来了,也许是两国的水土不同吧。"楚王听了,只好赔不是,说:"我原来想取笑大夫,没想到反让大夫取笑了。"

从此以后,楚王不敢不尊重晏子了。

楚王的等级观念根深蒂固,所以很轻视晏子乃至齐国。晏子知礼且据理力争,几个回合下来,楚王输给了晏子,并且心服口服。假如当初晏子不顾礼节,面对楚王的挑衅勃然大怒,那只会惹来楚国君臣的耻笑而已。

以前有一个秃子,一天他出门在外,住进一家小店,对面住了个麻子。月光照在麻子的脸上,秃子越看越有趣,就忍不住吟出一首诗:

## 老人言

脸

天排

糯米筛

雨洒尘埃

新鞋印泥印

石榴皮翻过来

豌豆堆里坐起来

秃子把麻子骂个痛快,很是得意忘形,就对麻子说:"老兄,你能从一个字吟到七个字吗?"

麻子说:"你吟罢了,我再模仿便没有味道,不妨我从七个字吟到一个字如何?"麻子就吟出一首诗:

一轮明月照九州

西瓜葫芦绣球

不用梳和蓖

虫虱难留

光不溜

净肉

球

秃子一听羞得满面通红,再也说不出话来。

戏弄别人,却被他人嘲笑,这便是居心叵测的人的下场。

卡耐基警告人们："要比别人聪明，却不要告诉别人你比他聪明。"这告诉人们，任何自作聪明的批评都会招致别人的厌烦，而缺乏感情的责怪和抱怨则更有损于人际关系的发展。

在日常生活里自以为是、动辄侮辱他人的人，往往会令人生厌而自讨没趣。

## 虚怀若谷，谦恭自守

道家强调"气也者，虚而待物者也。唯道集虚。"从这句话中，我们可以做这样的理解，那就是一个人要抛弃心中的得失成见，让心灵"虚而待物"，做一个谦虚君子，更能显出其力量与魅力。而一个人要保持内心的纯净与空灵，用庄子的话说就是要"去知集虚"，在道家看来，只有这样才能摆脱尘世得失心的干扰，拥有快乐美好的人生。而这正是做人谦虚的表现。相反，如果不够虚心，骄傲自大，那就很有可能犯一叶障目、贻笑大方的事情了。古往今来，因此闹过笑话甚至犯错误的人，数不胜数，就是大才子苏东坡也有过这样的经历。

有一次苏东坡去拜见王安石，当时王安石正在睡觉，他被管家徐伦引到王安石的东书房用茶。徐伦走后，苏东坡见四壁书橱关闭有锁，书桌上只有笔砚，更无余物。他打开砚匣，看到是一方绿色端砚,甚有神采。砚池内余墨未干,方欲掩盖,忽见砚匣下露出纸角儿。取出一看,原来是两句未完的诗稿,认得是王安石写的《咏菊》诗。苏东坡拿起来念了一遍:"西风昨夜过园林,吹落黄花满地金。"

苏东坡哑然失笑,这诗第二句说的黄花即菊花。此花开于深秋,敢与秋霜鏖战,最能耐久。随你老来焦干枯烂,并不落瓣。说个"吹落黄花满地金"岂不错误了?苏东坡兴之所发,不能自已,举笔舐墨,依韵续诗两句:"秋花不比春花落,说与诗人仔细吟。"然后就告辞回去了。

不多时,王安石走进东书房,看到诗稿,问明情由,认出苏东坡的笔迹,口中不语,心下踌躇:"屈原的《离骚》上就有'夕餐秋菊之落英'的诗句。他不承认自己学疏才浅,反倒来讥笑老夫!"又想:"且慢,他原来并不晓得黄州菊花落瓣,也怪他不得!"后来,苏东坡被贬为黄州府团练副使。苏东坡在黄州与蜀客陈季常为友。重九一日,天气晴朗,恰好陈季常来访,东坡大喜,便拉他同往后花园看菊。令他惊讶的是,只见满地铺金,枝上全无一朵。惊得苏东坡目瞪口呆,半晌无语。苏东坡叹道:"当初小弟妄续王丞相的《咏菊》诗,谁知他倒不错,我倒错了。今后我一定谦虚谨慎,不再轻易笑话别人。唉,真是不经一事,不长一智啊!"

我们也经常犯苏东坡这样的错误，我们自己的往往为自己思想中某些固有的成见所左右，对事物做出错误的判断。所以，做人一定要低调，要谦虚，不要为自己的成见所蒙蔽，把一切作想当然的理解。

人类的智慧可以认识世间的万事万物，却偏偏难以认识自己。因为不认识自己，所以自命不凡；因为不认识自己，所以性情狂妄；因为不认识自己，所以才会逃避；也正因为不认识自己，才会在自己的强项上重重地摔伤。而只有找准自己的位置，认清自己的角色，才可以不迷失自我。

可惜的是，做出一点点成绩便会飘飘然是许多人的通病。成绩使人们的心无限膨胀、无限上升，以致不能再认清自己的实力，丧失理智地去攀登永远无法逾越的高峰。最后，不但得不到成功，还会搞得疲惫不堪、伤痕累累。

谦卑是一种无言却厚重的力量，它比骄傲更有力。一个人如果想在纷繁复杂的世间走好，有时谦恭比骄傲更有用处。

谦恭自守是一种人生的大智慧，拥有这种智慧的人虽有大功却甘居下位，保持谦虚，是很难得的。"居功而不自傲"、虚怀若谷、谦恭自守是美德，是一个人取得更大成功的保障，而"自满者败，自矜者愚"，一旦你感觉到了自己的伟大，并希望别人对你顶礼膜拜时，那你就准备迎接失败吧。

自负绝对不能与自信画等号。自信的人对自我价值有积极的认识，他们坚强乐观，笑对生活中的挫折和坎坷；自负的人却过高地估计自我，狂妄自大，从不懂适时的收敛，最终将会跌进失败的深渊。

曾国藩是中国历史上最有影响的人物之一，其为人处世堪称难得。他常对家人说，有福不可享尽，有势不可使尽。他平日最好昔人"花未全开月未圆"七个字，将其视作惜福保泰之法，常存冰渊惴惴之心，处处谨言慎行。他的处世原则是：趋事赴公，则当强矫；争名逐利，则当谦退。开创家业，则当强矫；守成安乐，则当谦退。出与人物应接，则当强矫；入与妻奴享受，则当谦退。若一面建功立业，外享大名，一面求田问舍，内图厚实，二者皆盈满之象，全无谦退之意，则断不能长久。

"水满则溢"，一个容器若装满了水，稍一晃动，水便溢了出来。自负的人心里装满了自己过去的所谓"丰功伟绩"，再也容纳不了新知识、新经验和别人的忠言了。长此以往，事业或者止步不前，或者猝然受挫。

因此，一个人不管自己有多丰富的知识，取得了多大的成绩，或是有了何等显赫的地位，都要谦虚谨慎，不能自视过高；应心胸宽广，博采众长，不断地丰富自己的知识，增强自己的本领，进而获得更大的业绩。如能这样，则于己、于人、于社会都有益处。谦虚永远是成大事者所具备的一种品质，而只有浅薄者才会为自己的成功自鸣得意。

## 人在屋檐下，不得不低头

俗话说"人在屋檐下，不得不低头"。人在一生中总会有不同的际遇、不同的处境。顺风好行船，逆境难为生；位高好成事，位卑难做人。

西汉时期的韩信忍胯下之辱正是这种"必须得低头"的最好体现。如果他不低头，就会把自己弄到和地痞无赖同等的地步；若奋起还击，闹出人命吃官司不说，还很可能赔上一条小命。韩世忠和岳飞、张竣都是宋高宗时的抗金名将。秦桧因岳飞多次阻挠他与大金议和，又屡次出言攻击他，心生怨恨，便罗织罪名把岳飞逮捕入狱，害死于风波亭。

岳飞死后，韩世忠知道自己也难容于秦桧，便上奏章请求解除枢密使的职务，秦桧便顺水推舟授他一个闲散的官职。

韩世忠赋闲之后，口不言兵，每天跨驴携酒，泛游西湖，许多人都不知道他就是名震天下的韩元帅。

韩世忠的部将旧属路过杭州时，都来拜访老帅，韩世宗却拒而不见，平时更不和军中大将通报消息，以免被秦桧罗织成罪名。

秦桧害死岳飞后，对韩世忠也是恨之入骨，恨不能把他也如法炮制。然而他没想到害死岳飞的民愤会如此之大，自己也感到很害怕，又见韩世忠口不言兵，又和军队断绝往来，也不再出言阻挠自己与大金议和，既无威胁也无妨碍，便放过了他。

以韩世忠的忠义和抗金之功，秦桧万不会放过他，若和秦桧争斗，只会白白赔上自己的性命。这个时候只能低下头来，避开深为昏君信赖的奸臣秦桧，才能得以自保。

历史上，这样在屋檐下低头的能屈能伸者有很多。

隋朝的时候，隋炀帝十分残暴，各地农民起义风起云涌，隋朝的许多官员也纷纷倒戈，转向农民起义军，因此，隋炀帝的疑心很重。唐国公李渊多方树立恩德，声望很高，许多人都来归附。有一天，隋炀帝下诏让李渊到他的行宫去觐见，李渊因病未能前往，隋炀帝很不高兴，多少有点猜疑之心。当时，李渊的外甥女王氏是隋炀帝的妃子，隋炀帝向她问起李渊未来朝见的原因，王氏回答说是因为病了，隋炀帝又问道："会死吗？"

王氏把这个消息传给了李渊，李渊知道隋炀帝对自己起疑心了。于是，他故意广纳贿赂，败坏自己的名声，整天沉湎于声色犬马之中，而且大肆张扬。隋炀帝听到这些，果然放松了对他的警惕。

试想，如果当初李渊不主动低头，很可能就被正猜疑他的隋炀帝除掉了，哪里还会有后来的太原起兵和大唐帝国的建立！

历数古今中外得大成之人，无不是善处逆境的智者。他们能屈能伸、能俯能仰，从不把自己看得比别人更高贵。这恰恰显出了一种做人的风范。

## 知足不辱，知止不殆

《增广贤文》中写道："知足常足，终身不辱；知止常止，终身不耻。"这里的止，就是停止的意思。知止，它告诉人们凡事要知道满足，要适可而止，这样，才能让自己的一生无辱、不耻。

知止而止，是一个人立身不败的根本。做人应常修从业之德，常怀律己之心，常思贪欲之害，常弃非分之想，这样才能避免灾祸、平安长久。金朝的石琚就是知止的一个榜样。

金熙宗时期，石琚任邢台县令时，官场腐败，贪污成风，独石琚洁身自好，他还常告诫别人不要见利忘义。

石琚曾经规劝邢台守吏说："一个人到了见利不见害的地步，他就要大祸临头了。你敛财无度，不计利害，你自以为计,在我看来却是愚蠢至极。回头是岸,我实不忍见到你东窗事发的那一天。"邢台守吏拒不认错,私下竟反咬一口,向朝廷上书诬陷石琚贪赃枉法。结果,邢台守吏终因贪污受到严惩,其他违法官吏也一一治罪。石琚因清廉无私,虽多受诬陷却平安无事。

石琚官职屡屡升迁,有人便私下向他请教升官的秘诀。石琚说:"我不想升迁,凡事凭良心无私,这个人人都能做到,只是他们不屑做罢了。人们过分相信智慧之说,却轻视不用智慧的功效,这就是所谓的偏见吧。"

金世宗时,世宗任命石琚为参知政事,不料石琚百般推辞。金世宗十分惊异,私下对他说:"如此高位,人人朝思暮想,你却不思谢恩,这是何故?"

石琚以才德不堪作答,金世宗仍不改初衷。石琚的亲朋好友力劝石琚道:"这是天下的喜事,只有傻子才会避之再三。你一生聪明过人,怎会这样愚钝呢?万一惹恼了皇上,我们家族都要受到牵连,天下人更会笑你不识好歹。"

石琚长叹说:"俗话说,身不由己,看来我是不能坚持己见了。"

石琚无奈接受了朝廷的任命,私下却对妻子忧虑地说:"树大招风,位高多难,我是担心无妄之灾啊!"他的妻子不以为然，说道："你不贪不占，正义无私，皇上又宠信于你，你还怕什么呢？"

石琚苦笑道："身处高位，便是众矢之的，无端被害者比比皆是，岂是有罪与无罪那么简单？再说皇上的宠信也是多变的，看不透这一点，就是不智啊。"

石琚在任太子少师之时，曾奏请皇上让太子熟习政事，嫉恨他的人便就此事攻击他别有用心，想借此赢取太子的恩宠。金世宗听后十分生气，后细心观察，才认定石琚不是这样的人。后来，金世宗把别人诬陷的话对石琚说了，石琚所受的震撼十分强烈，他趁此坚辞太子少师之职，再不敢轻易进言。

大定十八年，石琚升任右丞相，前来贺喜的人络绎不绝。石琚表面上虚与委蛇，私下却决心辞官归隐。他开导不解的家人故旧说："我一生勤勉，所幸得此高位，这都是皇上的恩典，心愿已足。人生在世，祸在当止不止，贪心恋权。"

他一次又一次地上书辞官，金世宗见挽留不住，只好答应了他的请求。世人对此事议论纷纷，金世宗却感叹说："石琚大智若愚，这样的大才天下再无第二个人了，凡夫俗子怎知他的心意呢？"

石琚确实是一位有大智慧的人，因为他清楚繁华只如过眼云烟，终究有散去的时候，"因嫌纱帽小，致使锁枷扛"的例子已经比比皆是了,警钟敲得已经足够响了!

隋朝时的大儒王道,专门写过一本名叫《止学》的书,其中有一句非常有名的话:"大智知止,小智惟谋。"意思是说拥有大智慧的人知道适可而止,而只有小聪明的人却只知道不停地谋划。因此,为人大智慧,须懂得"过犹不及"、"知止不败"的道理,当行则行,不被风光迷惑双眼,当止则止。

## 危行言逊,不落祸患

做人危行言逊,方不落祸患。历史上以此道著称者其实不少。比如有一副对联:"诸葛一生唯谨慎,吕端大事不糊涂",说的是诸葛亮一生的事功在于谨慎;宋代宰相吕端,小事马虎大事却从不糊涂,是个非常精明的人。

孔子曾说,社会、国家上了轨道,通常要正言正行;遇到国家社会乱的时候,人们自己的行为要端正,说话要谦虚,不然则会引火上身。儒家强调为人处世要危行言逊,也就是行为举止要谨慎,如履薄冰一般。虽然我们也说谨小慎微,但也要注意将谨慎与小气区别开来。人谨慎可以,绝对不能器量窄小。

郭子仪被唐德宗称之为尚父,尚父这个称谓,只有周朝武王称过姜太公,在古代是一个十分尊崇的称呼。由唐玄宗开始,儿子唐肃宗，孙子唐代宗，乃至曾孙唐德宗，四朝都由郭子仪保驾。

郭子仪爵封汾阳王，王府建在首都长安的亲仁里。汾阳王府自落成后，每天都是府门大开，任凭人们自由进进出出，而郭子仪不允许其府中的人对此进行干涉。有一天，郭子仪帐下的一名军官要调到外地任职，来王府辞行。他知道郭子仪府中百无禁忌，就一直走进了内宅。恰巧，他看见郭子仪的夫人和爱女正在梳妆打扮，而王爷郭子仪正在一边侍奉她们，她们一会儿要王爷递毛巾，一会儿要他去端水，使唤王爷就好像奴仆一样。这位将官当时不敢讥笑郭子仪，回家后，他禁不住讲给他的家人听，于是一传十，十传百，没几天，整个京城的人都把这件事当成笑话来谈论。郭子仪听了倒没有什么，他的几个儿子听了却觉得大丢王爷的面子，他们决定对父亲提出建议。

他们相约一齐来找父亲，要他下令，像别的王府一样，关起大门，不让闲杂人等出入。郭子仪听了哈哈一笑，几个儿子哭着跪下来求他，一个儿子说："父王您功业显赫，普天下的人都尊敬您，可是您自己却不尊重自己，不管什么人，您都让他们随意进入内宅。孩儿们认为，即使商朝有贤相伊尹、汉朝的大臣霍光也无法做到您这样。"

郭子仪听了这些话，收敛了笑容，对他的儿子们语重心长地说:"我敞开府门,任人进出,不是为了追求浮名虚誉,而为了自保,为了保全我们全家的性命。"

儿子们感到十分惊讶,忙问其中的道理。郭子仪叹了一口气,说道:"你们光看到郭家显赫的声势,而没有看到这声势有丧失的危险。我爵封汾阳王,往前走,再没有更大的富贵可求了。月盈而蚀,盛极而衰,这是必然的道理。所以,人们常说要急流勇退。可是眼下朝廷尚要用我,怎肯让我归隐,再说,即使归隐,也找不到一块能容纳我郭府一千余口人的隐居地呀。可以说,我现在是进不得也退不了。在这种情况下,如果我们紧闭大门,不与外面来往,只要有一个人与我郭家结下仇怨,诬陷我们对朝廷怀有二心,就必然会有专门落井下石、妨害贤能的小人从中添油加醋,制造冤案,那时,我们郭家的九族老小都要死无葬身之地了。"

郭子仪所以让府门敞开,是因为他深知官场的险恶,光明正大可以为自己澄清许多事情。他的政治眼光和德行修养,经过复杂的政治斗争之后修炼而来。最后郭子仪享年八十五岁,子孙皆为显贵。

历史上的功臣,能够做到功成名就的不少,但是能做到像郭子仪这样的,功盖天下而君主不怀疑,位极人臣而不令其他人嫉妒,却又着实不多。谨慎坦荡,这是儒家交给我们的处世做事之大智慧。郭子仪便是深谙此道。所以回过头再看郭子仪的为人处世，他的确深谙孔子所说的"危行言逊"之法。

这些儒家的处世做事哲学给予我们这样的启发，那就是我们要懂得尽量谨言慎行，低调做人，这样才能较易明哲保身。

## 得意之时不可忘形

做人要学会宠辱不惊，失败时须努力，得意时不要忘形，无论怎样的上升和降落，都应泰然处之，以淡定的态度，笑对人生。

人毕竟是人，是人都有人性，在运气好时，难免会自鸣得意。但一个懂得做人的人知道，当自己的人生处于得意之时，千万不能忘形，这样你才能不会伤人，也不会被伤。得意到了狂妄的地步，整个人飘到半空中，那就很容易摔下来，而且会摔得很惨。乐极生悲的例子总是屡见不鲜，因此，在得意之时，记得提醒自己保持头脑清醒。

李想调到新单位的那段日子里，几乎在同事中连一个朋友也没有，他自己也搞不清是什么原因。原来，他认为自己正春风得意，对自己的机遇和才能满意得不得了，几乎每天都使劲向同事们炫耀他在工作中的成绩。他得意忘形的样子让所有人看了生厌，一听见他的吹嘘就唯恐避之不及。

后来，还是他当了多年领导的老父亲一语点破，他才意识到自己的症结到底在哪里。他很惭愧。从此，他开始有意地自我收敛，与同事打交道时谦虚低调，常向前辈请教，努力做好自己的本职工作，很快，他成了单位里最受欢迎的人，上级也对他器重有加。

从李想的亲身经历中，我们可得到一个宝贵的经验：得意时不要高兴太早。

在得意之时，请压抑自己过度张扬的欲望，多一点谦虚，少一些自我炫耀。把过去的辉煌当作是一种人生经历，你不可能从那上面得到更多了，所以暂且放下它，去迎接你的下一次辉煌。

得意忘形是一种危险的人生态度。一个人如果自以为已经有了许多成就而止步不前，那么他的失败就在眼前了。许多人一开始奋斗得十分努力，但前途稍露光明后，便自鸣得意起来，于是失败立刻接踵而来。

你最近运气特别好，你常常会自鸣得意吗？如果是，那你就要好好学一番涵养的功夫，把你那因升迁而引起的过度兴奋压平下去才好。你所拟的一生计划，当然是非常伟大的，但在你没有达到这个伟大目标之前，中途的一些升迁，真可说是再平常不过的小事。也许在你实行一个计划时，一着手就大受他人夸奖，但你必须对他们的夸奖一笑置之，仍旧埋头去干，直到心中的大目标完成为止。那时人家对你的惊叹，将远非起初的夸奖所能及。

一个人的伟大与否，也许可以从他对于自己的成就所持的态度上看出来。堆积你的成就，作为你更上一层楼的阶梯吧。

## 少指责，多认错

人都是有自尊的，很少有人不会主动去维护自己的意见和看法。因此，几乎没有谁在听见"你错了"三个字时内心仍能非常平静。很多人会为来自他人的指责闷闷不乐，冲动的人更可能当即暴跳如雷、反唇相讥。我们常常肆无忌惮地用它指责别人的错误，却没有意识到这样做是会给别人的心中留下疤痕的。

在人际交往中，破坏力最强的莫过于这三个字：你错了。它通常不会造成任何好的效果，只会带来一场不快、一场争吵，甚至会使朋友变成对手，使情人变成怨偶。

没有多少人能够正视别人的批评，大人物不能，小人物更不能。

人性表现出来的是，做错事的人只会责怪别人，而不会责怪自己——我们都是如此。这不是度量的问题,而是人性的问题,只有极少数人能够克服人性的弱点而使度量大到能接受批评的程度。

因此,当我们想说"你错了"的时候,我们要明白,哪怕我们费尽口舌,他的想法仍然是:"我看不出我怎样做,才能跟我以前所做的有所不同。"无论他是否辩解,他都不会真正接受我们的批评。既然如此,我们还不如承认是"我错了",也许对疏通关系和解决问题更有好处。

有一位著名的作家用主动认错的方式赢得了读者的尊重。

在长达二十年社会纪实体裁小说写作之后,作家尝试着变换风格,推出了一部侦破类新作,这让许多读者无法接受。一名愤怒的读者甚至写信给他,言辞非常激烈,指责他根本不该转型。其中很多语句有失偏颇,看得出这位读者对小说艺术的理解并不深入。但这位作家并没有恼羞成怒,而是非常认真地写了一封回信,在信中,他只字不提这位读者的不礼貌和认识上的浅薄,只是很诚恳地承认自己并不适合悬疑推理题材的写作,他很感谢读者的意见,希望以后能够经常互相交流看法。

我们可以想象,那名激动的读者看到回信后,一定会心生惭愧,为自己的粗鲁无礼,为作家的谦逊大度。在一个胸襟宽广、能够认识自己的错误、敢于向别人承认错误的人面前,任何问题都将迎刃而解，任何矛盾都将烟消云散。

事实正是如此，当我们说对方错了时，他的反应常让我们头疼，而当我们承认自己也许错了时，就绝不会有这样的麻烦。这样做，不但会避免所有的争执，而且可以使对方跟你一样的宽宏大度，承认他也可能弄错。

假如事情到了不得不说"你错了"的地步，你也应遵循一个原则，即对事情有好处又不伤害对方的自尊。

你应该尽量让对方明白你的好意。你指出对方的错误，到底是为了贬低他、抬高自己，还是为他好？他也许并不明白。所以，你要设法让他感到你的好意。此外，讲话时态度一定要谦和诚恳，用语不能激烈，否则对方就会以为你在教训他；也不必过于委婉，否则他会认为你惺惺作态。

此外，指出别人的错误时，要选择适当的场合和时机。原则上讲，要在对方情绪比较稳定时指出他的不足之处。人在情绪不正常时，可能什么也听不进去。最好避开第三者，以一对一的方式进行，以免让他产生当众出丑的感觉。在大庭广众下指出别人的错误，除了会为自己多树立一个敌人外，别无益处。

此外，我们也不妨试着了解犯错的当事人，试着理解他为什么会犯错。这比批评更有益处，也更有意义得多；而这也孕育了同情、容忍以及仁慈。

你应该尽量少说"你错了",即使对方存在问题,也一定可以找到别的办法让他认识到这一点,想让别人同意你而放弃自己的观点,温和巧妙的言辞远比直来直去聪明得多,也有效得多。此外,教会自己承认"我错了",这不仅仅是为了改变别人心中那个强词夺理的顽固分子印象,也是为了对自己负责。只有当你意识到自己错在哪里,你才有可能将其改正。

## 生活要"老成"

生活难免发生磕磕碰碰,理亏的一方只要态度诚恳地主动认错,赔着笑脸认个不是,承担相关的责任,有理的一方即使想动手打人,或者即使已经伸出了手,也会因为对方诚恳的态度而下不了手。无论是在生活还是工作中,与其他人产生矛盾、有冲突时,要保持冷静,多站在对方的角度去考虑问题,将心比心,这样就没有什么解决不了的问题。

20世纪60年代初,美国有一位非常有才华的人,他曾经做过大学的校长,成绩斐然。后来此人想要从政,于是去竞选美国中西部一个州的议会议员。此人精明能干,又很有资历,而且又博学多识、社交广泛。无论从哪个方面看,在当时的情况下此人都很有希望赢得那一次选举的胜利。

## 处世篇

但是，就在那次选举进行到最紧要的时候，他的竞选对手散布了一个很小的谣言，说："就在三四年以前，在他竞选议员的那个州的首府举行的一次教育会议中，他跟一位年轻的女教师'保持着一种不正当的男女关系'。"其实这位候选人的很多朋友都知道这是一个弥天大谎，大家都依然相信这位候选人的为人。但是这位候选人对此事感到非常愤怒，认为自己受到了不公正对待。为了不让自己的名誉因此事受到影响，就尽力想要为自己辩解，试图证明自己是清白的。所以在以后的每一次竞选集会中他都要站起来极力澄清事实，一而再，再而三地提及此事，想以此来证明自己的清白。

其实，大部分的选民根本就没有听过这件事情，即使部分人听说了，也是抱着将信将疑的态度来看待。但是，因为当事人几乎在每个场合都会提及此事，在任何可能的机会都为自己努力去澄清。现在人们却愈来愈相信有那么一回事，真是愈抹愈黑。到了最后，选民们还反问："如果他真是无辜的，他为什么总是提起这个事情呢？为什么要百般为自己辩解呢？明明是心里有鬼。"这个事件就这样恶性循环，最后这位候选人变得更加气急败坏，更加不遗余力、声嘶力竭地在各种场合下为自己洗刷，谴责谣言的传播。然而，这样做的后果是更使人们对谣言信以为真。最后他竞选失败了，但更悲哀的是，竟然连他的妻子也开始转而相信这个谣言，夫妻关系也出现了问题。真是应了中国那句古话："赔了夫人又折兵"。

其实只要冷静思考一下，如果这位候选人能够保持头脑清醒，从竞选对手的角度和选民的角度多去思考一下这个问题，或许选择的处理方法就会大不一样，那么竞选结果也会截然不同。因为各种各样的原因，人们在工作中或者生活中有时会遇到一些人恶意的指控，甚至陷害，或者经常会遇到种种不如意。俗话说"人生不如意十之八九"，由此可见，这类事情本身就是生活的一部分。有的人能够从容应对，兵来将挡水来土掩，稳妥地解决种种冲突和不利局面。而有的人会因此大动肝火，结果却把事情搞得越来越糟。其实，遇到这种情况最重要的一条就是首先要保持头脑冷静，然后才是思考如何化解对自己不利的局面。

2008年5月12日，四川汶川发生了8级地震，楼房相继倒塌，很多学生遇难。而一个名叫康洁的学生给人们留下了深刻的印象。地震发生时，康洁正和同学在六楼的一个教室上课，面对突如其来的地震，几乎所有的人都没有应对的经验。大部分孩子都不知所措，眼看教学楼就要倒塌。就在此时，康洁做出了一个惊人的举动，她选择了最危险的方式求生，从教学楼六楼飞身跳下。然而奇迹出现了，结果她只是受了一点轻伤。而且成功自救后，她还能返回楼内救助老师和其他同学。

那么是什么原因让康洁在危机时刻做出了这样的举动呢？从记者对她的采访我们知道，地震发生时她先是和其他同学一样钻到了桌子底下，但是经过稍许考虑后在教学楼就要倒塌的一刹那，她选择从教学楼的六楼纵身跳下。康洁对记者说："我想与其在教室里被白白砸死，还不如拿自己的性命拼一回。"在选择跳楼之后的几秒钟时间里，小姑娘又分析了两个方面的问题，一是她所在的教室有两边可以跳，一边是学校的操场，那里全都是水泥地。而另一边是农民的田地，都是一些松软的泥土。所以，康洁选择了从泥土地一侧跳下。第二个问题是落地时选择哪个部位最先触地才能将伤害降到最低。她的想法是手和头当然都不能先着地，只有努力让自己屁股着地。在康洁刚刚落地时教学楼也全塌了。最后，康洁居然只有腿部被划伤。

最让人恐惧的事情就是面对死亡时的抉择，而这个小姑娘面对死亡却没有恐慌，能够保持清醒的头脑，在几秒钟之内思考与逃生相关的三个重要问题，最终在地震中成功活了下来并且还从废墟中救出了几名同学和老师。

在人生的道路上，遇到问题时，一定要保持头脑清醒，多多思考问题的症结所在，这样才能把事情处理好。而不是遇事不经大脑地使用武力解决，靠拳头是不能解决问题，反而会使事情往

老人言

更坏的方向发展。相对的，我们也会遇到这样一些人，他们爱使用极端手段处理问题，那么最好的办法也是要冷静，努力克制自己，用合理有效的手段去面对，反而使事情有了新的转机，俗话说"生活要'老成'"，也是这个道理。

## 第三章

# 是非善恶：不是佛教徒，却有慈悲心

——小处不妨糊涂，大处必须清醒

## 赌近盗，淫近杀

佛经云：求名者，因好色欲而名必败；求利者，因好色欲，而必丧利；居家者，因好色欲而家业必荒；为官者，因好色欲而官业必堕。许多孽障皆因色起，也就是佛家说的淫邪，其危害可见一斑。

邪淫，又作欲邪行，为十恶之一。即在家的人不可做的恶行之一，以男性而言，指与妻子以外之女性行淫，又虽与妻子，但行于不适当之时间、场所、方法等，亦为邪淫。此外还包括，男女双方非支、非时、非处、非量、非理而行淫。

除了邪淫，赌博这个恶习也慢慢开始侵蚀着我们的生活，多少原本幸福的家庭被毁灭，由此带来的一系列社会问题也显而易见,多少人最终因为参与赌博而堕入毁灭的深渊……

赌博这个社会毒瘤难以彻底剔除,归根结底在于部分人妄想不劳而获的侥幸致富心理。殊不知,参与赌博不啻慢性自杀,金钱的快速运动麻痹了神经,道德开始黯然无色,人性之光也悄然泯灭。

赌博的种类有无数,赌注却无一例外都是幸福。有些人嗜赌成性的原因可以归结以下几点:

首先,赌博可以盈利,迎合了广大参赌者的投机心理。其参赌者获胜的机会越大参赌的动机越强;其赌注得失的差额越大,对赌徒的吸引力也就越大。赌徒如果在赌场赢了,会促使他继续赌,想赢得更多;输了,想把损失挽回,也会促使他继续赌下去。这对赌徒形成一种间歇性的强化机制,使他们在希望与绝望之间越陷越深,不能自拔。

其次,有些人为了娱乐而赌博。很多人在游戏中加入了赌博的成分,由于赌的数额很小,赢了能享受到成功的喜悦,输了损失也不大。但由于金钱对人的巨大诱惑,这种以娱乐为主的动机,很容易发展为盈利的动机。

再次,赌博可以满足参赌者的好胜心理。技术性赌博活动的竞争性很强,有些人有强烈的好胜心理,希望通过参赌战胜对手,以满足好胜心理。

此外，有人想通过参赌寻求刺激。其参赌项目越富刺激性和冒险性，对以赌博寻求刺激的人吸引力就越大。

最后，想以参赌逃避社会现实。这些人开始的动机多是在于逃避家庭或者社会对自己的压力或责任，达到麻醉自己的作用。

赌徒在现实生活中常常是大悲大喜的人物。赢钱时兴高采烈、欣喜若狂；输钱时垂头丧气、懊悔不已，甚至铤而走险。然而，无论是赢钱还是输钱，他们都离不开赌场。对此，一般的解释是，赢了钱赌徒还想赢，但输了钱赌徒想要拼命捞回来。所以赌徒才有一种强迫性行为。他们对赌博的渴求与成瘾可以像吸毒者一样达到歇斯底里的强烈程度。可见，赌博是一件伤财又伤身的事情。

从家庭角度看，参赌者赌博要占用大量的时间，缺少与家人团聚的时间，并会造成一定的经济损失，严重时会耗尽家庭财产，背上满身债务。很多参赌者还常会虐待配偶和孩子，导致家庭不睦、对子女教育不良，甚至与配偶分居或离异等家庭悲剧。

从社会角度看，赌博是导致社会不安定的重要因素，很多参赌者因为赌博而背负了巨额的债务，从此走上了犯罪的道路，破坏了社会秩序，影响了社会治安。

从医学角度看，赌博更是健康的大敌，赌博成瘾对个人的身心健康影响极大。经常参赌之人，喜怒哀乐变化无常，总是提心吊胆，心绪不宁。或因债台高筑，导致家庭失和，因而吵闹或打闹不休，故烦恼、愤怒；或因一夜之间突发横财，又兴奋激动、狂喜等，各种情绪变化往往交织在一起。长期处在紧张激动的情绪状态之中，会导致心理、生理上的许多疾病。

生活中的诸多事例说明，戒除赌博是一件艰难的事件。赌博是一种习惯性的行为，如果想应付或克服赌博癖好，那就必须拥有坚定的意志。首先要认识到赌博的危害性，认识到十赌九输的特点，不要抱有侥幸心理，要避免出席任何赌博场合，可以培养其他可取代赌博的嗜好，比如钓鱼、看书、打球等。控制精神压力，做定时运动（如慢跑）及学习松弛的技巧（如冥想或瑜伽），或进行休闲活动（如听音乐、与朋友逛街），借此驱走闷气，舒缓紧张的情绪。

此外，嗜赌者可以对自己的赌博行为及时进行记录，这样可帮助自己了解自己的赌博行为，找出赌博的倾向和模式。患者可能会发现，每当自己感到苦闷或失落，手上持有现金，或需要用钱时，便会赌博。这些记录便可助患者找出抑制赌博的有效方法。患者可以通过各种方法，恰当地满足不同的需要。必要时可以给自己定一个限额，无论正在赢钱或输钱，只要赌款达到所定的限额，便立即停止赌博。

无论邪淫或者赌博，其危害性和可能造成恶果都非常严重。

所以，面对赌博和邪淫的诱惑时，需要人人自持，自觉远离，切莫一失足成千古恨。

## 只有大意吃亏，没有小心上当

在任何时候，对那些看似容易，充满诱惑的事情都应小心，因为你的任何一个不注意都可能会让你掉进陷阱里。

所谓人心隔肚皮，知人知面不知心。别人的想法你不可能尽知，何况手有五指参差，人也良莠不齐，有些人就专捡别人的弱点进攻以获取不义之财，这种人比窃贼更心狠手黑，更难于提防。一旦被他们抓住机会，你就会面临灭顶之灾。所以与他人交往，定要谨慎小心，知晓对方底细之前，切不可推心置腹，将自己的底细抖落个一干二净。

时常保持警醒的头脑，心有城府，常常能让你在生活中免受吃亏。

如果不小心做事，不但做人做事会吃亏，还有可能危及人身安全。

林风是一名煤矿工人，每逢阴雨天，他的右胳膊都会隐隐作痛，这是18年前的一次违章留下的后遗症。他常想，如果当时能按安全操作规程去敲帮问顶，可能事故就不会发生了。

## 老人言

18年前，他在山西的一家煤矿工作。一天夜班，林风与工友们和往常一样进入工作面，进行了"四位一体"的安全检查，班长安排工作时让他们一定要敲帮问顶，看看单体支柱有没有打结实，小心炸帮煤等。检查时，林风发现在距离工作面2.8米高的地方，在单体支柱的空隙处有一块顶板突出，他用工具敲了敲，还算结实，就没有找撬棍把它撬下来。当时林风只想着早点开机，多割几刀煤，多挣点工分。

在林风操作割煤机割到第二刀时，有几块大煤块卡在了转载运输机上，他上去把皮带溜子停了，拿起大锤走了过去，还没抡起锤来，就听见顶板响了一声。林风下意识地想，不好！赶快躲！但已经来不及了，垮落的一小块矸石正好砸到了他的右胳膊上，很快，鲜血顺着袖筒流了出来。这时，还有更多的矸石不停地往下掉，他想，要是再垮一次顶，自己就没命了。

后来，林风被送到医院，医生诊断右胳膊两处骨折。林风在病床上整整躺了半年。班长到医院看望时对他说："安全生产不能心存侥幸，那么多的安全操作规程都是用血的经验总结出来的，在井下工作一定要养成按安全操作规程办事的习惯。"

这起事故和班长语重心长的话语让林风牢记至今。十几年过去了，林风现在不管干什么工作，都牢牢记住班长那句话：一定要养成按安全操作规程办事的习惯。

"只有大意吃亏,没有小心上当"是一句金玉良言。无害人之心,但不可无防人之心,不马虎不大意,泰然处之小心防备才是处世的根本。

## 多一些宽容,少一些隔膜

雨果曾经这样告诉我们:"世界上最宽阔的是海洋,比海洋更宽阔的是天空,比天空更宽阔的是人的心灵。"懂得宽容,才不会对自私、虚伪、嫉妒、狂傲感到失望,才会用宏大的气量去感受相逢一笑泯恩仇的快乐。人生是个多彩的舞台。它不断上演着形形色色的人情冷暖、世态炎凉,而现实生活中人们必须能够承受这一切。这时,请不要忘记世间有两个字可使你和他人的生活多姿多彩:宽容。你对待别人宽容,那么即使再大的仇恨也会随之减少,取而代之喜乐就多了,这样的人生才会充满希望。

小提琴演奏家艾德蒙先生曾经历了这样一件事。有一天,当他走进家门的时候,突然听到楼上卧室里传来了小提琴的声音。

"有小偷!"艾德蒙先生马上反应过来,急忙冲上楼。果然,一个大约13岁的陌生少年正在那里摆弄小提琴。他头发蓬乱,脸庞瘦削,不合身的外套里面好像塞了某些东西。他被艾德蒙先生抓了个正着。

那少年见了艾德蒙先生,眼里充满了惶恐、胆怯和绝望,那是一种非常熟悉的眼神,刹那间,艾德蒙先生的心柔软了下来。愤怒的表情顿时被微笑所代替,他问道:"你是丹尼斯先生的外甥琼吗?我是他的管家。前两天,丹尼斯先生说你要来,没想到来得这么快!"

那个少年先是一愣,但很快就回应说:"我舅舅出门了吗?我想先出去转转,待会儿再回来。"艾德蒙先生点点头,然后问那位正准备将小提琴放下的少年:"你也喜欢拉小提琴吗?""是的,但拉得不好。"少年回答。

"那为什么不拿着琴去练习一下?我想丹尼斯先生一定很高兴听到你的琴声。"他语气平缓地说。少年疑惑地望了他一眼,还是拿起了小提琴。

临出客厅时,少年突然看见墙上挂着一张艾德蒙先生在歌德大剧院演出的巨幅彩照,身体猛然抖了一下,然后头也不回地跑远了。

艾德蒙先生确信那位少年已经明白是怎么回事,因为没有哪一位主人会用管家的照片来装饰客厅。

那天黄昏,回到家的艾德蒙太太察觉到异常,忍不住问道:"亲爱的,你心爱的小提琴坏了吗?"

"哦,没有,我把它送人了。"艾德蒙先生缓缓地说道。

"送人?怎么可能!你把它当成了你生命中不可缺少的一部分。"艾德蒙太太有些不相信。

"亲爱的,你说的没错。但如果它能够拯救一个迷途的灵魂,我情愿这样做。"见妻子并不明白他说的话,他就将经过告诉了她,然后问道:"你觉得这么做有什么不对吗?""你是对的,希望你的行为真的能对这个孩子有所帮助。"妻子说。

三年后,在一次音乐大赛中,艾德蒙先生应邀担任决赛评委。最后,一位叫里奇的小提琴选手凭借雄厚的实力夺得了第一名。颁奖大会结束后,里奇拿着一只小提琴匣子跑到艾德蒙先生的面前,脸色绯红地问:"艾德蒙先生,您还认识我吗?"艾德蒙先生摇摇头。"您曾经送过我一把小提琴,我珍藏着,一直到了今天!"里奇热泪盈眶地说,"那时候,几乎每一个人都把我当成垃圾,我也以为自己彻底完了,但是您让我在贫穷和苦难中重新拾起了自尊,心中再次燃起了改变逆境的熊熊烈火!今天,我可以无愧地将这把小提琴还给您了……"

里奇含泪打开琴匣,艾德蒙先生一眼瞥见自己那把心爱的小提琴正静静地躺在里面。他走上前紧紧地搂住了里奇,三年前的那一幕顿时重现在艾德蒙先生的眼前,原来他就是"丹尼斯先生的外甥琼"!艾德蒙先生眼睛湿润了,少年没有让他失望。

宽容，是胸襟博大者为人处世的一种人生态度。蔺相如的宽容换来了流芳百世的将相之和；智者也总会用宽容这把慧剑斩断冤冤相报这扯不完的长绊。反之，没有宽容的世界，永远也不会有幸福和宁静。正因为如此，我们才应该记住"多一些宽容"。

中国古代也有这样一个故事：

颜回是孔子的一个得意门生。有一次，颜回看到一个买布的人和卖布的在吵架，买布的大声说："三八二十三，你为什么收我二十四个钱！"颜回上前劝架，说："是三八二十四，你算错了，别吵了。"那人指着颜回的鼻子："你算老几？我就听孔夫子的，咱们找他评理去。"颜回问："如果你错了怎么办？"答："我把脑袋给你。你错了怎么办？"颜回答："我把帽子输给你。"两人找到了孔子。孔子问明情况，对颜回笑笑说："三八就是二十三嘛，颜回，你输了，把帽子给人家吧。"颜回心想，老师一定是老糊涂了，只好把帽子摘下，那人拿了帽子高兴地走了。后来孔子告诉颜回："说你输了，只是输一顶帽子；说他输了，那可是一条人命啊！你说是帽子重要还是人命重要？"颜回恍然大悟，扑通跪在孔子面前："老师重大义而轻小是非，学生惭愧万分！"

这种宽厚与容忍绝对不是争斗的小人能够做到的，明知对方错了,却不争不斗反而认输,虽然自己吃点小亏,但使别人不受大损。不重表面形式的输赢,而重思想境界和做人水准的高低,这样的人其实活得很潇洒。

当你对别人宽容时,也是对你自己宽容。明明是对方错怪了你、对方欺骗了你,对方伤害了你,心中没有怨恨。看到这里,也许你会问:对坏人也宽容?正确的回答是,你不以牙还牙,这就是宽容。

所以,要让自己快快乐乐地生活在充满爱的世界里,自己首先要做一个宽宏大量的人。要真正做到宽容并不容易,如果你心里有恨和苦,宽容不了他人;或者,如果你认同宽容是很高尚的行为,不过难以时时做到,你应该远离品头论足的人,随着时间的推移,你会发现,你的宽容多了,你心里的喜乐也多了。

## 施恩不图报,无求而自得

纯善的人,就像自然界中的水一样,造福万物,滋润大地,却不争高下,不求回报,才成就了博大的江海,这种谦虚的行为,才算得上是真正的善行。

俗话常说:"滴水之恩,当涌泉相报。"这是站在受施者的立场来说,要求人们对他人给予自己的帮助感恩。而从布施者的立场来看，则需要牢记另一句俗话："施恩莫图报。"

在我们的生活中，有很多慈善家做善事，有时连受恩对象都不知道是谁，他们是不需要别人感恩的。也有一些人，给了他人一点恩惠，就天天惦记着他人什么时候感自己的恩。要是他人不感自己的恩，就恨死对方。比如生活中许多人拜佛，就不是真正的拜佛，只是希望菩萨保佑自己发财，保佑自己平安，如果自己遭了灾祸，则会在心里抱怨："我白烧了那么多的香。"其实，这种人的心里并无虔诚的拜佛心，只是为了获得福报而拜佛。只能说，这种施恩本身的目的就不纯，算不得真正的布施，甚至亵渎了布施。

渔夫和金鱼的故事就是这样一个典型。

一个老头儿和他的老太婆住在大海边，住在一所破旧的小木棚里，老头儿天天撒网捕鱼，老太婆天天纺纱结线。

一天，老头儿打到一条金鱼，在金鱼的苦苦哀求下，老头儿不要任何报酬，将她放回了大海。回到家后，老头儿提起此事，老太婆大骂老头儿"愚蠢"，还硬逼着老头儿去向金鱼要一只新木盆。金鱼满足了老太婆的要求。但老太婆并不满足金鱼的报酬，变本加厉地向金鱼索取更多的报酬，从木房子、世袭的贵妇人、自由自在的女皇到海上的女霸王，还要求金鱼亲自去服侍她，最终，惹怒了金鱼，让老头儿和老太婆的生活又回到了从前贫困的生活。

在这个故事中，老头儿放走金鱼的行为是真正的善行，可老太婆一而再再而三的索取报酬，却亵渎了这美好的善行。由此可知，知恩"索"报其实是对我们自身人格的侮辱，是对我们自身的心灵折磨，实在不是一件值得高兴的事情。

正人君子要济危扶困，一心一意帮他人解除危难。如果帮助别人的目的是为了得到别人的回报，这就不是真正的帮助，不是真正的善行。这样的虚假"布施"，于人于己，都算不得一件好事。

由"施恩不图报"，我们又联想到了"无求而自得"。人世间只有具有大智慧的人才懂得"无求而自得"的道理，因此一个人如果能做到施恩不图报，那他就远远超出了一般人的思想境界。

美国纽约在大雪天，公司、商店一般都停止上班，学校也宣布停课。但令人不解的是，唯有公立学校仍然开放。所以，每逢大雪时都有家长打电话到学校去骂。奇怪的是，每个打电话的人反应都一样——先是怒气冲冲地责问，然后满口道歉，最后笑容满面地挂上电话。原因是学校告诉家长：在纽约有许多百万富翁，但也有不少贫困家庭。贫困家庭开不起暖气，供不起午餐，孩子全靠学校里免费的中饭，甚至可以多拿些回家当晚餐。学校停一天课，穷孩子就受一天冻，挨一天饿，所以老师们宁愿自己苦一点，也不停课。有的家长说：何不让富裕家的孩子在家里，让贫困家的孩子去学校享受暖气和营养午餐呢？学校的答复是：我们不愿让那些穷苦的孩子感受到他们是在接受救济，因为施舍的最高原则是保持受施者的尊。

如果我们的社会能多一些懂得为他人着想，施恩不求回报的人，我们的生活就会快乐幸福很多。

施恩不求回报的可贵之处在于无私，如果每一个施恩者都有这种思想境界，见人有难，能够慷慨解囊，施与援手，并能在事后并无回报的情况下，都能心安理得，无怨无悔，必然能为自己赢得欢乐幸福的人生。施恩不图报是一种真善和大善。

## 知足则长乐，无求品自高

现在有句时髦的流行语：高官不如高知，高知不如高薪，高薪不如高寿，高寿不如高兴。的确！人活在世界上，心情愉快、高高兴兴比什么都好。那么，怎样才能时时刻刻都高兴呢？那就要学会给予和付出。

人与人之间奉献的力量一直感动着我们的心灵，那一份深沉的人间真情久久地温暖着每一颗尘封已久的心。当心与心共鸣而发出的旋律奏响时,心灵浸润其中,不由得会习得一种温情的通透,而原本覆盖着的蒙尘也随之被荡涤得没有了影踪。长此以往,心灵会变得超脱,并找到通往精神家园的路。

古时候有这样一则传说:

一个男子坐在一堆金子上,伸出双手,向每一个过路人乞讨着什么。

吕洞宾走了过来,男子向他伸出双手。

"你已经拥有了那么多的金子,难道你还要乞求什么吗?"吕洞宾问。

"唉!虽然我拥有如此多的金子,但是我仍然不幸福,我乞求更多的金子,我还乞求爱情、荣誉、成功。"男子说。

吕洞宾从口袋里掏出他需要的爱情、荣誉和成功,送给了他。

一个月之后,吕洞宾又从这里经过,那男子仍然坐在一堆黄金上,向路人伸着双手。

"你所求的都已经有了,难道你还不满足吗?"

"唉!虽然我得到了那么多东西,但是我还是不满足,我还需要快乐和刺激。"男子说。吕洞宾把快乐和刺激也给了他。

一个月后,吕洞宾从这里路过,见那男子仍然坐在那堆金子上,向路人伸着双手——尽管有爱情、荣誉、成功、快乐和刺激陪伴着他。

"你已经拥有了你所希望拥有的,你还有什么不满足的呢?"

"唉!尽管我拥有了比别人多得多的东西,但是我仍然不能感到满足。老人家,请你把满足赐给我吧!"男子要求道。

吕洞宾笑道:"你需要满足吗?那么,请你从现在开始学着付出吧。"

吕洞宾一个月后又从此地经过,只见这男子站在路边,他身边的金子已经所剩不多了,他正把它们施舍给路人。

他把金子给了衣食无着的穷人,把爱情给了需要爱的人,把荣誉和成功给了惨败者,把快乐给了忧愁的人,把刺激送给了麻木不仁的人。现在,他一无所有了。

看着人们接过他施舍的东西,满含感激而去,男子笑了。

"现在,你感到满足了吗?"吕洞宾问。

"满足了!满足了!"男子笑着说,"原来,满足藏在付出的怀抱里啊!当我一味乞求时,得到了这个,又想得到那个,永远不知什么叫满足。当我付出时,我为自己人格的完美而自豪、满足;为我对人类有所奉献而自豪、满足;为人们向我投来感激的目光而自豪、满足。"

是啊,即使你拥有金山、银山,拥有至高的荣誉,拥有令人钦羡的爱情,也不一定会感到满足。满足是人生无求的最高境界,怀有广施仁慈之心,即使素不相识的路人遭遇困难时也能慷慨解囊,学会给予和付出,你才能达到这一境界。

一个人如果失去了爱和给予的能力,他的人生也会异常黯淡。给别人以帮助和鼓励,自己不但不会有损失,反而会有所收获。并且,通常一个人给别人的帮助和鼓励越多,从别人那儿得到的收获也越多。

人与人之间奉献的力量一直感动着我们的心灵,如果失去了爱的能力,人生也会异常黯淡。给别人一颗善心,就能将对方感染,得到的回馈便是两颗爱心的跳动。

很多道理我们懂得,却无法奉行;很多事情我们明白,却不会去做。有些时候,不是智慧不足,而是决心不够。

写下"离离原上草,一岁一枯荣"的白居易,对佛学多有研究。一次,他听说有位禅师修行很高,便前去请教。

白居易问禅师:"怎样才能修行成佛呢?"

禅师答道:"诸恶莫作,诸善奉行。"

"这个道理谁都明白。"白居易皱着眉头,很不满意这个答案。

禅师微笑地看着他,说:"谁都明白的道理,又有几人做得到呢?"

白居易恍然大悟,恭敬地退下了。

弘一法师曾说:"至于做慈善事业——尤要!既为佛教徒,即应努力做利益社会之种种事业。"他在世时喜欢对弟子们说的

老人言

一句话便是："遇谤不辩。"岂止是不辩？有时候，为了行善，一些禅师宁愿自我诽谤。

一个强盗拜访一位得道的禅师，他跪在禅师面前说："禅师，我的罪过太大了，很多年以来我一直寝食难安，难以摆脱心魔的困扰，所以我才来找您，请您为我澄清心灵。"

禅师对他说："你找我可能找错人了，我的罪孽可能比你的更深重。"

强盗说："我做过很多坏事。"

禅师说："我曾经做过的坏事肯定比你做的还要多。"

强盗又说："我杀过很多人，只要闭上眼睛我就能看见他们的鲜血。"

禅师也说："我也杀过很多人，我不用闭上眼睛就能看见他们的鲜血。"

强盗说："我做的一些事简直没有人性。"

禅师回答："我都不敢去想那些我以前做过的没人性的事。"

强盗听禅师这么说，便用一种鄙夷的眼神看了禅师一眼，说："既然你是这么一个人，为什么自称为禅师，还在这里骗人呢？"

于是他起身，一脸轻松地下山去了。

等到那个强盗离去以后，禅师的弟子满脸疑惑地问禅师："师傅，您为什么要这样说啊？您一生中从未杀过生。您为什么要把自己说成是个十恶不赦的坏人呢？"

禅师说道："你难道没有从他的眼睛中看到他如释重负的感觉吗？还有什么比让他弃恶从善更好的呢？"

行善之人，从不贪图回报，这是一种大善。如果贪图回报，与不行善则没什么分别。

## 济人须济急时无

人们常说"济人须济急时无"，这句话讲的是锦上添花的事情，做得人多，没必要去跟风；雪中送炭，才是急人之所急，才是真心实意地帮助别人。

在动乱的年代，有一个军人回家探亲时经过一家食品店，他在店的门口看到一个人在那哭泣。于是军人便走过去询问原因。

那个人看着军人说："我家里穷得只剩下了这一个铜钱，我想用它给孩子们买些食物，因为他们已经几天没吃东西了，但是店里的人却告诉我这枚铜钱是假的，我该怎么办啊！"说着说着那人又哭了起来。

军人想了想，于是就从自己的衣服口袋里摸出一枚铜钱递给穷人，让他拿去买食物给孩子们吃，然后拿走他手里的假钱放回自己的衣袋。穷人看到后连声道谢，赶忙买了食物回家去了。没过多长时间，军人就回到了营地，不久军人就随部队一起上了战场。

战斗中，一颗子弹射向军人的胸膛，军人身体一震，绝望地想："今天恐怕要丧命了！"但是他突然意识到自己好像并没有流血，于是他用手往胸前一摸顿时便愣住了，原来竟然是那枚假铜钱为他挡了子弹！

军人不过是给了穷人一枚铜钱，这个救济真的似乎算不得大，但是军人得到的回报竟是一条性命。在我们的生活中，也会有许多的人需要帮助，有的时候只要你付出一点点的爱心，说不定就会有很宝贵的收获。像故事中的那种利人又利己的事，我们真应当多做一些。要知道，当他人遇到危难和困窘时，也正是他们心灵最脆弱的时候，人们常说"雪中送炭好过锦上添花"，你若此时能够急人所急，给人所需，那么对方一定能够铭记这份恩情。虽然我们帮助别人的本意不一定是寻求报答，但是说不定在将来的某一天，滴水恩情会得到涌泉相报呢。

有这样一个故事：

很多年前一个感恩节的早上，别的家庭都在喜气洋洋准备丰富的早餐，而有一家人却极不愿醒来，因为年轻的父母不知道如何庆祝这么重要的一天，虽然他们有感恩的心，但是他们实在穷得可怜，这一天连吃顿饱饭都是一个问题，大餐更是想都别想，如果早点和当地的慈善团体联络，或许就能分得一只火鸡及烹烤的佐料，只要有点简单的食物吃就不错了。可是他们没这么做，这是为什么呢？原因是他们有骨气，不愿意这样做，所以造成了现在的局面。

所谓贫贱夫妻百事哀，一旦生存有了问题，那么矛盾就无可避免了，没多久这年轻的父母就争吵起来，为的也是关于食物领取的事情。随着双方越来越烈的火气和咆哮，孩子们都捂紧了耳朵，在最长孩子的眼里，此时也只有深深的无奈和无助。

然而，这个时候命运开始改变了。

沉重的敲门声在耳边响起，男孩前去应门，眼前出现一个满脸的笑容的男人，他的手中提着一个大篮子，里面满是各种所能想到的应节东西：一只火鸡、配料、厚饼、甜薯以及各式罐头，这些全是感恩节大餐所不可少的。孩子看着口水直流，他的父母也听着声音出来了，眼前的场景让大家一时都愣住了，不知道是怎么一回事，男人随之开口道："这份礼物是一位好心人要我送来的，他希望你们知道还是有人在关怀和爱你们的。"开始的时候，这个家庭中做父亲的还极力推辞，后来，那人却这么说："不要难为我了，我也只不过是个跑腿的。"然后，他说了一句"感恩节快乐"后就离开了。

就在那一瞬间，小男孩的生命从此就不一样了。虽然这只是

## 老人言

一个小小的关怀，却让他对人生始终存在着希望，在他内心深处有了一股对生活的感恩之情，他发誓日后也要以同样方式去帮助其他有需要的人。

男孩到了18岁的时候，他终于有能力来兑现当年自己的誓言。虽然此时他的收入还很微薄，但是在感恩节里他还是买了不少食物，他打算去送给极为需要的家庭。那一天，他穿着一条老旧的牛仔裤和一件T恤，假装是个送货员。当他到达那破落的住所时，前来开门的是位妇女，女人带着提防的眼神望着他。她的六个孩子，也都在背后。这位年轻人看后开口说道："我是来送货的，女士。"

说完他便回转身子，从车里拿出装满了食物的袋子及盒子，里面全是感恩节的必需品。见此，那个女人当场傻了眼，而孩子们也爆出了高兴的欢呼声。女人的眼眶湿润了，她抓住年轻人的手，一直不停地说谢谢。

年轻人有些腼腆地说道："噢，不，不，我只是个送货的，是一位朋友要我送来这些东西的。"随之，他便交给这位妇女一张字条，上头这么写着：

我是你们的一位朋友，愿你一家都能过个快乐的感恩节，也希望你们永远幸福！今后你们若是有能力，就请同样把这样的礼物转送给其他有需要的人。

年轻人把一袋袋的食物仍不停地搬进屋子,使得兴奋、快乐和温馨之情达到最高点。当他离去时,那种人与人之间的亲密感和相助之情,让他不觉热泪盈眶。回首瞥见那个家庭的张张笑脸,他对自己有余力帮助他们,生出一股感恩之心。

就从那一次的行动开始,年轻人展开了不懈的追求,以行动回报当年他及家人所得到的帮助,提醒那些受苦的人们天无绝人之路,总是有人在关怀他们,不管所面对的是多大困难,即便是自己所知有限、能力不足,但只要肯拿出实际行动,就能从中学得宝贵的功课,寻找着自我成长的机会,以至最终获得长远的幸福。

帮助别人是一种精神的传递,只要你真心地帮助别人,那么你自己也同样能得到帮助,因为爱心是无限循环的,帮别人也是等于帮自己,生活中哪怕一个小小的恩惠,一声简单的问候,哪怕平时都是施于微不足道的小事,都是对人以爱的鼓舞。

生活中,在我们看来,给予别人的或许只是一点小小的帮助,但是在得到帮助的人眼里,这种帮助却无异于天降甘露,甜美万分。被帮助的人会将这份恩惠牢牢铭记于心,也许在未来的某一个时间,在我们需要别人帮助的时候,说不定他人会以数倍甚至数百倍的回报回馈给我们。

## 第四章

# 生活处境：得意失意莫大意，顺境逆境无止境

——*花开花落，顺逆有常*

## 饮水思源，缘木思本

我们生而为人，不能忘本，更不能忘却自己何以生、何以乐、何以福。饮水思源，缘木思本是我们做人的根本和正道所在。

梁元帝曾派遣庾信出使北朝的西魏。在他42岁那年，西魏灭梁朝，而庾信也被扣留在长安（西魏都城），长达28年。虽然他在北朝官至大将军，但是庾信却很想回去，常常思念故国和家乡，南朝也曾几次向北朝讨要庾信，却都被拒绝。于是他在《征调曲》中写道："落其实者思其树，饮其流者怀其源"。意指吃果子时不能忘了结果的果树，而喝水时要想想水的源头。如今，人们也常常用"饮水思源，缘木思本"来形容吃水不忘挖井人，怀

念今日取得成功的根基，以表示不能忘本。

广州丰田公司的员工人人持有一张名片大小的彩色卡片，上面印着《广州丰田宪章》，上有"以人为本"的字眼。在"企业方针"里，也有"以人为本"的内容。不过，最让人感兴趣的是"企业精神"里那句具有中国传统的"感恩戴德，饮水思源"这句话，据说，这是广州丰田执行副总经理袁仲荣的一大主张。

袁仲荣表示，这八个字的含义非常深远。"作为一个刚入社会的人来说，他应该对他的父母、老师心怀感恩，进入社会以后，对同事、朋友，对培养自己的企业，也需要感恩戴德。每个人要时刻心怀感恩之心，在营造团队的时候大家就会更容易互相理解，可以互相换位思考，这样的话，就会创造一个和谐的环境气氛，对工作开展也是非常重要的。

"你知道招聘大学生的时候，我会问他们什么问题吗？我问，你是农村来的吗？他说，农村来的。我再问，你能讲讲你的父母吗？我认为，如果一个农村孩子连自己父母都羞于启齿的话，那么这个人的道德观就有问题，这样的人我根本不会让他进公司。

"我还会问他们，第一个月工资你打算怎么分配？如果是农村孩子有贷款助学金，我会问你打算怎么还？在这些方面，如果一个人可以显现出感恩戴德的情操，那么我相信他是一个可塑造的人才。

老人言

"当然，公司对员工也应怀有感恩之心，因为企业的发展是由每个员工来完成的，企业希望为员工都能提供美好的未来。为此，我们已做了许多提高员工技能和福利的事。我们公司非常尊重人性，例如，工作服不一定是夏天最好的服装，所以我们就统一置办了透气吸汗的T恤衫。"

正是因为懂得"饮水思源，缘木思本"，广州丰田才能在日益激烈的竞争中越走越稳。而在生活中，感恩之心更是我们每一个人不可或缺的阳光雨露。无论你是何等尊贵，或者多么卑微；无论你生活在何地何处，或是你有着怎样的生活经历，只要常怀感恩的心，就必然会不断地涌动着诸如温暖、自信、坚定、善良等这些美好的处世品格，而这一切又必将让我们拥有一个丰富而充实的生命。

## 想喝甜水自己挑

世界上没有不劳而获的成就，即使天上掉馅饼，也要张开嘴巴去接啊。自助者，天助之。遇到问题时，不要抱怨，不要依赖别人，自己积极地动脑筋，想办法，一切困难都会迎刃而解的。

谁也无法带给你成功，除了你自己。当你懂得自立自助时，就开始走上了成功的旅途。抛弃依赖之日，就是发展自己潜在力

## 处世篇

量之时。外界的扶助，有时也许是一种幸福，但更多的时候，情况恰恰相反。只有依靠自己的力量，才是长久之计。有句话说得好，"想喝甜水自己挑。"

海尔集团的张瑞敏谈到当初创业时的艰辛，总是感慨万千。那时的海尔仅仅是一个生产电动葫芦的小厂，且亏损高达147万元，接手这样的烂摊子对于任何人来说都是需要极大的勇气的，但是张瑞敏没有退缩。1984年，为了签订与德国利勃海尔公司的电冰箱制造技术合同，海尔人于立民顶风冒雪用两个小时的等待叩开了项目合同的大门；1985年8月，为了能够申请到外汇，赵敦国和张瑞敏出差到山东经贸委，囊中羞涩的他们省吃俭用，住蒸笼一样的简易招待所，用借来的破旧自行车终于跑成了外汇批文；1985年春节，张瑞敏想方设法给每一个员工发了5斤鱼，但是过年不能不发奖金啊，为了能给职工发点奖金，他派人向大山大队三次"磕头"求援，用一颗赤诚的心感动了村公社党委书记王栋贵，终于在腊月廿八将奖金发到了职工的手中……那段日子，虽然很艰苦，但是勤奋的海尔人却都玩命似的跟着张瑞敏干，"领导敢为大伙儿借钱过年，咱也要争口气，好好跟他干，挣了钱把钱还回去"！就这样，海尔在张瑞敏的带领下艰苦奋斗、自力更生，仅仅用了几个月的时间就使得濒临破产的厂子起死回生了。

正是由于这种自力更生、艰苦奋斗的精神，海尔开创了中国家电行业的新纪元。而现实中的我们，也总会遭遇各种各样的困难，在很多时候，我们却总是习惯于求助他人，却忘却了自己。其实我们身上都有很多尚未开发的潜力，并拥有把难题变成机会的能力，为什么我们不去主动地主宰自己的命运，却要祈求他人的怜悯和帮助呢？

拿破仑年轻的时候，一次到郊外打猎，突然听见有人喊救命，他快步走到河边一看，见一男子正在水中挣扎。这河水并不深，拿破仑端着猎枪，对准落水者，大声喊道："你若不自己游上来，我就把你打死在水里！"那人见求救无用，反而增添了一层危险，便只好奋力自救，终于游上岸来。

拿破仑拿枪逼迫落水者自救，是想告诉他，自己的生命本应该由自己负责，唯有自己对自己负责的生命才是真正有救的生命。

在我们处于困境，没有人救援和帮助时，就应该靠自己寻求生存。为了活下去，战胜困难，我们就要用自己的心智和困境做斗争，在某些危急时刻，就会激发出自己的潜能，发挥出超常的力量。

坐享其成是人性的弱点，更是人的劣根性。很多人在取得一点点成就之后，不是乘胜追击，借助良好的外界条件努力开创更伟大的事业，而是骄傲自满，忘乎所以，将自身的优势消耗殆尽，最终失败了。他们都忘却了一个真理：自己才是最有威力的那个法宝。

许多从艰苦的环境中奋斗出来的人，他们并不比我们拥有更多的天赋，而他们之所以能取得成功，完全是因为他们能够战胜自己、坚强独立。即使我们最终没能到达彼岸，但只要我们努力了，用自己的力量征服痛苦，渡过难关，也能体会到一种快乐。

相信自己，你本身就有无限的潜能。只要能挖掘出潜能，发挥长处和优势，你的人生就会获得意想不到的精彩，创造出更大的价值。

## 得意不可再往

老话说得好："凡事当留余地，得意不可再往。"在生活中、事业上，让你大获成功或大占便宜之处，正是需要我们小心提防的"陷阱"。"得意不可再往"，蕴含的哲理虽然微妙，却是生命中的常态。

正如弘一法师所云："事当快意处，须转。言到快意时，须住。殃咎之来，未有不始于快心者。故君子得意而忧，逢喜而惧。"这句话的意思是，人在得意时需要打住，静静地内省，不能忘形，以免因此而使自己不慎犯错。

老人言

高明的人，能上能下，达则兼济天下，穷则独善其身，要想做到这一点，就得先从做事留余地来说。老子的"知足"哲学也就包括这种思想：过分自满，不如适可而止；金玉满堂，往往无法永远拥有；富贵而骄奢，必定自取灭亡；锋芒太露，势难保长久。

历史上凡是自表其功、自矜其能，不分场合的夸耀自己的人，十有八九都会遭到猜忌甚至会招致杀身之祸。刘邦曾经问韩信："将军看我能带多少兵马？"韩信说："陛下带兵最多也不能超过十万。"刘邦一听，当然很不高兴，就问韩信："那么你能带多少兵马呢？"韩信说："我和大王不同，我带兵则是多多益善。"韩信说出这样的话，肯定让刘邦觉得丢了面子，又怎么不耿耿于怀呢？即使是自己有功劳，有才能，也要注意对方的感受，不能口无遮拦而让对方觉得难堪。

曾国藩曾经研究过《易经》，他说："日中则昃，月盈则亏，天有孤虚，地阙东南，未有常全不缺者。"事物就是这样此消彼长、祸福相依的。所以清代的朱柏庐在劝诫后人时说："凡事当留余地，得意不宜再往。"一旦什么事情做过了头，就要注意它会走向一个反面。

在与人交往的时候，尤其是在上司面前需要表现自己的时候，也要把握分寸，尽量让自己的言行举止都做到"适中"、恰到好处，千万不要过分表现、夸耀，若不然就有可能会遇到意想不到的麻烦或灾祸了。

电视剧《潜伏》中，余则成在事业上可以说是非常成功的，从单枪匹马刺杀民族败类李海峰，到找出潜伏在延安的特务"佛龛"，再到暗杀特务袁佩林，除掉凶恶之极的陆桥山……每一次都很漂亮地完成了任务，但在胜利面前，余则成没有欣喜若狂，在高兴到极点时，也只是和翠平两人躲在家里偷偷喝上几杯白酒而已。再看身为行动队队长的马奎，好大喜功，仗着自己和毛人凤的关系，毫无顾忌地怀疑余则成、与陆桥山作对、查站长……以致最后得罪了周围所有人，被五花大绑送到外地受审。

在工作中，我们也可能和余则成一样，有着骄人的成绩，深受领导的喜爱，但风光得意之时一定要保持理智，要警惕成功后随之而来的鲜花和掌声。不要像马奎那样觉得自己很了不起，目中无人，忘乎所以，否则只会让自己处于不利的境地。那些潜藏在得意和成功背后的祸患，才是真正值得我们注意的危险者。

一只风筝在微风中飘然升起，越过了屋顶，飘过了树梢。这时，站在树上的花喜鹊对它说："风筝大哥，你飞得真好！"

"不。"风筝谦虚地说，"要不是有风，要不是有线牵着我，我是飞不好的！"

风越来越大了，线越放越长了，风筝也越飞越高了。等它飞过山顶的时候,心里就有些飘飘然了:"啊!当我躺在屋里桌子上的时候,怎么也不知道我原来也是一个飞翔的天才!"

风筝随着风在不停地上升、上升,一直飞到了白云之上。当它俯视地面的时候,地上的房屋、树木、河流,甚至大山都显得那么渺小,就连平时高飞的雄鹰,现在也在它的脚下。它心里有一种说不出的滋味,仿佛自己的身体也在膨胀,变得高大起来。

"喂!"它毫不客气地对在它脚下盘旋的雄鹰说,"抬起头来看看我!过去人们总是赞扬你飞得高,现在怎么样?我比你飞得还要高!"

雄鹰抬头看看它,并没有与它争辩,只是意味深长地瞅了瞅它身下那根长长的线,微微一笑。

这样一来,风筝更沉不住气了,涨红了脸说:"你这是什么意思?好像我离了线就不能飞似的!其实,我还可以飞得更高些,都怪这根可恶的线!"为了显示自己的才能,风筝拼命挣扎,只听得"嘭"的一声,拴在它身上的线断了。风筝很得意,心里想:这下可好了!我可以自由飞翔了,想飞多高就飞多高!果然,在断线的瞬间,它迅猛地向上冲了好大一截。

谁知它很快便失去了重心,在风中身不由己地向下翻滚,最后一头栽进了臭水沟。

风筝离开了线便会跌跤，人过于忘形而脱离底线，就容易遭遇挫折。可见"得意忘形"会害人不浅。很多人在春风得意时容易喜形于色，在沾沾自喜中迷失自我。能够始终保持平常心的人总是少数，心态平和的人无论任何情况下都不显山露水，却往往能在"不显不露中出头"。

因此，越是春风得意之时，就越要停下来经常反躬自省，如果我们认识到眼前所看见的一切都可能在未来发生变化，那么我们就不会在成功的得意中被突然袭来的变化所打倒。因此，保持随时应对变化的心态，并时时留意身边的变化，并以此调整我们生活或工作的方式，我们才能从容生活在每一个当下。

## 居上以仁，居下以智

春秋战国时期，很多小国为了自保和壮大，在如何治国和如何与邻国交往方面颇下功夫。齐宣王就曾经为了邻国交往之道问过孟子："交邻国有道乎？"即与邻国交往有什么好的策略吗？孟子回答说，当然有。"唯仁者能以大事小，是故汤事葛，文王事昆夷。惟智者为能以小事大，故大王事獯鬻，勾践事吴。以大事小者，乐天者也；以小事大者，畏天者也。乐天者，保天下；畏天者，保其国。"这里孟子提出了两个原则：一种是"以大事小"，这是仁者的风范，是顺应"天地万物"的乐天心理，不愿意去欺负弱小，这样可以使天下太平。另一种是"以小事大"，这是明智之举，顺从比自己强大的国家，则可以保护国家臣民的安全。这里的"天"在"天人合一"的哲学上，还包括了人事在内。人与人之间的和谐相处也要注意这一原则。就是说，在人之上要以人为人，在人之下要以己为人。

居上位时，一定要谦虚，切不可仗势欺人，人生总是盛极而衰的，一个人不可能永远风光无限，繁华过后总会凋零。对于真正悟透人生的仁者来说，谦卑才是应有的心态，而以恭敬心去尊重和对待每一个人，则是他们的特征。

在林肯的故居里，挂着他的两张画像，一张有胡子，一张没有胡子。在画像旁边贴着一张纸，上面歪歪扭扭地写着：

亲爱的先生：

我是一个11岁的小女孩，非常希望您能当选美国总统，因此请您不要见怪我给您这样一位伟人写这封信。

如果您有一个和我一样的女儿，就请您代我向她问好。要是您不能给我回信，就请她给我写吧。我有四个哥哥，他们中有两人已决定投您的票。如果您能把胡子留起来，我就能让另外两个哥哥也选您。您的脸太瘦了，如果留起胡子就会更好看。

所有女人都喜欢胡子,那时她们也会让她们的丈夫投您的票。这样,您一定会当选总统。

格雷西

1860 年 10 月 15 日

在收到小格雷西的信后,林肯立即回了一封信。

我亲爱的小妹妹:

收到你 15 日的来信,非常高兴。我很难过,因为我没有女儿。我有三个儿子,一个 17 岁,一个 9 岁,一个 7 岁。我的家庭就是由他们和他们的妈妈组成的。关于胡子,我从来没有留过,如果我从现在起留胡子,你认为人们会不会觉得有点可笑?

忠实地祝愿你

亚·林肯

第二年 2 月,当选的林肯在前往白宫就职途中,特地在小女孩的家乡小城韦斯特菲尔德车站停了下来。他对欢迎的人群说:"这里有我的一个小朋友,我的胡子就是为她留的。如果她在这儿,我要和她谈谈。她叫格雷西。"这时,小格雷西跑到林肯面前,林肯把她抱了起来,亲吻她的面颊。小格雷西高兴地抚摸他又浓又密的胡子。林肯对她笑着说:"你看,我让它为你长出来了。"

原来林肯的胡子是为一个小小的女孩子而留。而这个女孩子他一开始并不认识。有人说,林肯是为了拉两张选票所以才留起胡子的。其实对于一场大选，两张选票能起的作用很微小。即便换位思考，如果你接到类似的信，多数人还是会一笑了之，觉得一个 11 岁的孩子不值得重视。可是林肯不但重视了一个小女孩的来信，还认真地写了回信并真的蓄起了胡子。在人之上要以人为人，林肯做到了这点，这也许就是他让人们拥护和爱戴的原因。

生活中有不少人难忍一时之气，而与人起了正面冲突，"伤敌一千，自损八百"，最后两败俱伤。但是，仔细想来，这又何苦呢？牺牲是一时的，保全却是一世的。牺牲是爆发，保全是维持。牺牲是激情，保全是平淡。浓肥辛甘非真味，真味只是淡，淡淡地融化在生活中。保全也许也是一种牺牲，牺牲狂热，牺牲内心深处的原始冲动，只是用最小的牺牲来求得更多的平和与幸福。

所以，人生就是如此玄妙，人上人下间也存在为人处世的大智慧，需要好好琢磨，认真对待。

## 忍得一时，风光一世

一个人能"忍"的程度也是他可"负"的程度，成大事者莫不是从危机四伏的人性丛林中杀开一条生路，其间所受之辱超乎想象。但正是如此，这般屈辱使他们百忍成金，磨砺似钢，挑起常人挑不起的重担，走上成功之路。

范雎是战国时期政治舞台上一位十分著名的政治家、外交家，而他走上政治舞台却历经了坎坷。

他原是魏国人，早年有意效力于魏王，由于出身贫贱，无缘直达魏王，便投靠在中大夫须贾的门下。

有一年，他随须贾出使齐国，齐襄王知范雎之贤，馈以重金及牛、酒等物，范雎辞谢没有接受。须贾得知此事后，以为范雎一定向齐国泄露了魏国的秘密，便将此事报告了魏国的相国魏齐。魏齐不问青红皂白，令人将范雎一阵毒打，直打得范雎肋断齿落。范雎装死，被用破席卷裹，丢弃在茅厕中。须贾目睹了这一幕，不置一词，还往范雎的身上撒尿。

范雎强忍着一时之气。他待众人走后，从破席中伸出头对看守茅厕的人说："公公若能将我救出，以后定当重谢。"守厕人便去请求魏齐，允许让他将厕中的"尸体"运出。

范雎历经千辛万苦来到了秦国都城咸阳，并改名换姓为张禄。此时的秦国正是秦昭王当政，而实际上控制大权的却是秦昭王之母宣太后以及宣太后之弟穰侯、华阳君和她的另外两个儿子径阳君、高陵君。这些人以权谋私，秦昭王完全被蒙在鼓里，形同傀儡。

但范雎看出秦国是最具实力的国家，秦昭王也不是一个无所作为的国君。几经周折，范雎终于见到了秦昭王。他以其出色的辩才向秦昭王指出秦国政策的失误，并提出了自己内政外交等一系列主张。

秦昭王立即采取果断措施，废太后，驱逐穰侯、高陵、华阳、径阳四人于关外，将大权收归己有，并拜范雎为相。

范雎所提出的外交政策，便是闻名于后世的"远交近攻"，而他所要进攻的第一个目标，便是他的故国魏国。

魏国大恐，派使臣须贾来向秦国求和。不过，须贾只知道秦的相国叫张禄，而不知他就是范雎。

范雎得知须贾到来，便换了一身破旧衣服，也不带随从，独自一人来到须贾的住处。须贾一见大惊，问道："范叔别后还好吗？"范雎道："勉强活着吧！"须贾又问："范叔想游说于秦国吗？"范雎道："没有。我自得罪魏国的相国以后，逃亡至此，哪里还敢游说。"须贾问："你现在干什么呢？"范雎道："给别人帮工。"须贾不由得起了一丝怜悯之情，便留范雎吃饭，说道："没想到范叔贫寒至此！"同时送给他一件丝袍。

席间，须贾问："秦的相国张禄，你认识吗？我听说如今天下之事，皆取决于这位张相国，我此行的成败也取决于他，你有什么朋友与这位相国认识吗？"范雎道："我的主人同他很熟，我倒也见过他，我可以设法让你见到相国。"

第二天，范雎赶来一辆驷马大车，并亲自当驭手，将须贾送往相国府。进入相府时，所有的人都避开，须贾觉得十分奇怪。到了相府大堂前，范雎说："你等一下，我先进去替你通报一声。"

须贾在门外等了好久，也不见有人出来，便向守门人问道："这位范先生怎么这么半天也不出来？"这时才明白刚才拉他进来的"范先生"就是他要找的相国。

须贾大惊失色，于是脱衣袒背，一副罪人的打扮，请守门人带他进去请罪。范雎雄踞堂上，身旁侍从如云。须贾膝行至范雎座前，叩头道："小人有必死之罪，请将我放逐到荒远之地，是死是活都由大人安排！"范雎问："你有几罪？"须贾说："小人之罪多于小人之发。"范雎道："你有三大罪：我生于魏，长于魏，至今祖先坟茔还在魏，我心向魏国，而你却诬我心向齐国，并诬告于魏齐，这是你的第一大罪。当魏齐在厕中羞辱我时，你不加阻止，这是你的第二大罪。不止如此，你还乘醉向我身上撒尿，这是你的第三大罪。我今天之所以不处死你，是因为你昨天送了我一件丝袍，看来你还没忘旧情，我可以放你回去，不过你替我转告魏王，赶快将魏齐的脑袋送来！要不然，我就要发兵血洗魏都大梁城！"

魏齐吓得仓皇出逃，可赵、楚等国畏于秦国的兵威，谁也不敢收留他，魏齐终于被迫自杀。

忍人之不能忍，方能成别人所不能成之事。人生难免会遇到困难和挫折，只要你能忍受挫折中的屈辱和痛苦，将挫折当成成功来临前的磨砺，并以此自勉，一旦东山再起，就会爆发出巨大的力量。

## 心安茅屋稳

"心安茅屋稳"意思是：心平气和，即使住的是茅草屋，心里也会觉得踏实安稳。心不安，心里永远不会有"稳"的感觉；一个人心中的欲望太强，是无法懂得什么才是生活。只有真正安静下来用心去体悟，才会参透到世间人生的奥妙，内心淡泊而无杂念，才会安心于简单宁静的生活。一个心安性定的人，才能有如鱼得水般的人生，这也是一种"道"。

心安茅屋稳的法则：心态上要淡泊、明志、清幽、致远。

东晋大诗人陶渊明辞官归田园，过着"躬耕自资"的生活。其夫人翟氏，与他志同道合，"夫耕于前，妻锄于后"，一起下田地劳动，勤俭持家，他与当时老农日益接近，生活息息相关。"方宅十余亩，草屋八九间，榆柳荫后檐，桃李罗堂前。"陶渊明酷爱菊，宅子四周篱笆下，都种上了菊花。"采菊东篱下，悠然见南山"（《饮酒》）至今脍炙人口。他本性嗜酒，饮必醉。朋友来访，无论贫富贵贱，只要家中有酒，必与之同饮。他每次必先醉，便对客人说："我醉欲眠，卿可去。"这是一种怎样的境界？淡泊、明志、清幽、致远。这一切陶渊明都达到了。

一个拥有淡泊、明志心态的人，就能够始终保持自己的独有的作风，就能宠辱不惊，就能"心安茅屋稳"，风雨不动，在浮躁的环境中，自己还能够继续保持一颗恬淡安定的心，只要心性定，波澜不惊，就能安心学习、工作和生活。

《菜根谭》上讲："身不宜忙，而忙于闲暇之时，亦可警惕惰气；心不可放，而放于收摄之后，亦可鼓畅天机。"这是讲在日常忙碌的生活中，如何偷得浮生半日闲。与其为名利而劳神费力，不如抛却杂念，静下心来，做一些自己喜欢的事情；与其为了名声殚精竭虑、心力交瘁，不如放弃身外之物，安贫乐道，"走自己的路，让别人说去吧"。人生要想幸福，稳稳当当走到百年，就应该追求内心的安定与自由。即使再忙也要带着一份淡泊的心态，不可把心沉没于追名逐利之中。

居里夫人不畏艰险发现了镭，对于是否把镭申请为专利时，又面临一个艰难的选择。如果申请了专利，那么肯定会得到一笔可观的收益，这无疑对现在贫寒的家境有很大的改善。

居里夫人说："如果我们申请专利，那我们会获得亿万资产，那无疑会改变我们现在宁静的生活。难道现在的生活不是我们所要的吗？上帝已经赋予我们很多，我们不需要更多。更多的金钱不仅不会给我们所需要的任何财富，反而会打破我们简单而饱满的生活。"

伟大的科学家阿尔伯特·爱因斯坦评价说："在我认识的所有著名人物里面，居里夫人是唯一不为盛名所颠倒的人。"当一个人的内心是足够高贵淡泊时，外界的一切世俗事物，都是微不足道的。

淡泊宁静的人，往往是最清醒的，对人生的思考也是最深刻的。圣严法师说："要有时时静悟的简静心态，反省自己的不足，感受生活赐予的美妙。这样，时时鞭策自己，才会对生活充满了敬重。"让我们淡泊宁静，抛弃浮躁，活在自由简约中，体味生活的从容，实现人生的价值。

## 塞翁失马，焉知非福

在《庄子》中，把"塞翁失马，焉知非福"的人生哲理讲得十分透彻。庄子引用古代人的迷信来说明一般人认为不吉利的东西,但"神人"却认为这种"不吉利"反而有益无害。比如说,一匹头上有白毛的马没人敢骑,反而因此免去了一辈子的奴役;一头鼻子高高翘起的猪不会被杀掉作祭祀,才会好好地活到老。所以,世人认为不吉利的,在上天看来却是大吉大利。任何事情都有它的两面性,关键是看你如何从不利的一面当中看到有利的那一面。

从前有一个国王,除了打猎以外,最喜欢与宰相微服私访。宰相除了处理国务以外,就是陪着国王下乡巡视,他最常挂在嘴边的一句话就是"一切都是最好的安排"。

有一次,国王兴高采烈地到大草原打猎,他射伤了一只花豹。国王一时失去戒心,居然在随从尚未赶到时,就下马检视花豹。谁想到,花豹突然跳起来,将国王的小手指咬掉小半截。

回宫以后,国王越想越不痛快,就找宰相来饮酒解愁。宰相知道了这事后,一边举酒敬国王,一边微笑着说:"大王啊!少了一小块肉总比少了一条命来得好吧!想开一点,一切都是最好的安排!"

国王听了很是生气:"你真是大胆!你真的认为一切都是最好的安排吗?"

"是的,大王,一切都是最好的安排。"

国王说:"如果我把你关进监狱,难道这也是最好的安排?"

宰相微笑说:"如果是这样,我也深信这是最好的安排。"

国王大手一挥,两名侍卫就架着宰相走出去了。

过了一个月,国王养好伤,又找了一个近臣出游了。谁知路上碰到一群野蛮人,他们把国王抓住用来祭神。就在最后关键时刻,大祭司发现国王的左手小指头少了小半截,他忍痛下令说:"把这个废物赶走,另外再找一个!"因为祭神要用"完美"的祭品,大祭司就把陪伴国王一起出游的近臣抓来代替。脱困的国王大喜若狂,飞奔回宫,立刻叫人将宰相释放了,在御花园设宴,为自己保住一命,也为宰相重获自由而庆祝。

国王向宰相敬酒说:"宰相,你说的真是一点也不错,如果不是被花豹咬一口,今天连命都没了。可我不明白,你被关进监狱一个月,难道也是最好的安排吗?"

宰相慢慢地说:"大王您想想看,如果我不是在监狱里,那么陪伴您微服私巡的人,不是我还会有谁呢?等到蛮人发现国王不适合拿来祭祀时,谁会被丢进大锅中烹煮呢?不是我还有谁呢?所以,我要为大王将我关进监狱而向您敬酒,您也救了我一命啊!"

宰相是一个明智的人,他能从事物的不利中看到有利的一面,并始终认为一切都是最好的安排,这无疑是一种积极的人生态度。

正是因为有些人不能正确地看待自己的利与不利,没有正确认清自己的价值,没有好好地活在这个世界里,才会自己给自己找麻烦。人生中难免遭遇一些利害得失,学会辩证地看待事物的两面性,就会少一些挫折感,你的人生才能轻松愉快。

上天总是公平的,在这里多给你一些,就会在其他方面拿走一些,所以得失不要看得太重,像塞翁一样做个生活的哲学家,便会减去不少烦恼。

## 冬长三月,早晚打春

我们都喜欢生活中发生各种各样的"好事",而不是诸如生病、事业失败等"坏事"。然而古人告诉我们:"物极必反。"人生总是一波三折,谁也无法永远一帆风顺,也无法一辈子坏运连连。当我们无法阻止这种变化时,不妨顺应变化,好事发生时,不要骄傲得意,而要趁机将人生提高到更高的一个高度;如若坏事临门时,也不要沮丧绝望,不妨韬光养晦,为下次的机会做足准备。要知道,世间事无绝对,"冬长三月,早晚打春",当你处于人生的困顿期,颓丧绝望时,不妨说服自己多撑一天,一个月,甚至一年吧,你会惊讶地发现,当你拒绝退场时,生命将给予你怎么的惊喜。

法布尔19岁时从师范学院毕业，做了一名小学老师。他通过自修，一步步由初中老师、高中老师，最后升到大学讲师。这期间，法布尔一边教书，一边学习化学知识。他有一个想法，就是把用作染料的茜草色素的主要成分——茜素纯化提炼出来。

经过努力，实验成果很显著，他和印染厂的工人们都盼望着他的研究能够正式投产。当研究成功后，他却得知了另一个消息：人工茜素已经合制成功，这预示着法布尔的天然茜素纯化技术没有任何价值。

多年研究与实验的辛苦，瞬间就付之东流了，对法布尔而言，这是一个不小的打击。一段时间过后，法布尔从失落的情绪中恢复了过来，决定换一个研究方向，开始着手进行科普知识的推广。在87岁高龄时，他完成了自己的代表作《昆虫记》的最后一卷。

法布尔一生坚持自学，先后取得了物理学士学位、数学学士学位、自然科学学士学位及博士学位。《昆虫记》的成功给他带来了"昆虫界的荷马"以及"科学界的诗人"美名，他本人也因为此书而获得了社会的广泛认可。

谁也不会天生"衰命"，只因我们未认识到这种无常而心生妄念，从而把生活和工作弄成一团乱麻。要知道，挫折与苦难是生命必然的悲痛，然而，落叶飘过腐烂之后，春天的新绿才能丝丝抽出，而春蚕吐丝作茧自缚的终极是新生命的诞生！我们生活在这起起落落、斑斓又黯淡的世界中，如一棵绿芽、一朵花的开放，一只大雁南飞，是自然的生生不息。而春的温暖、夏的炙热、秋的萧瑟和冬的肃杀，都让我们轮流经历着，以此启发我们不同于任何生物的智慧。正如林清玄所说的："生命中虽有许多苦难，我们也要学会好好活在眼前，止息热恼的心，不做无谓的心灵投射。"

古希腊哲人苏格拉底说："许多赛跑者的失败，都是失败在最后几步。跑'应跑的路'已经不容易，'跑到尽头'当然更困难。"一个人的成功往往来自于自己内心的一份坚持，这一点点坚持使他们成为真正的赢家！

鲁冠球起家于一个只有3000块钱无牌照的小型米面加工厂，现在却是一家资产过百亿的跨国集团老总。他15岁辍学，20岁有了第一次艰苦创业。鲁冠球从亲戚那里东拼西凑借来3000块钱，创办了只有一台磨面机、米机，没敢挂牌子的小型米面加工厂。因为时代的原因，私营活动在当时被严令禁止，干出一番事业并不容易。第一次创业差点让鲁冠球倾家荡产，也让他背负上祖父和父亲的沉重压力，但他总不甘心，于是就有了第二次的创业经历和艰苦的原始积累。

第一次创业后没多久，鲁冠球就又发现了在当时铁锹、镰

## 老人言

刀没处买，自行车没处修的日子里，鲁冠球又勒紧裤腰带借了4000块钱，和5个人合伙开了一个铁匠铺。没有原料，就大街小巷的收废钢废铁，回去后就打铁锹和镰刀，生意越来越红火。公社领导不久就发现了鲁冠球的才能，就让他接管宁围公社农机汽配厂：一个84平方米的烂厂房。他没有丝毫犹豫就答应了下来，变卖了自己所有的家产投入到厂子中。最开始，厂子的产品没有销路，鲁冠球就带领几十名骨干，兵分多路四处打听销售渠道。

终于，他们得知在这一年，山东胶南会举办一次全国性的汽车零部件订货会。这个消息让所有人乐得炸开了锅，鲁冠球用最快的速度租了两辆车，拉着产品和销售科长等人直奔胶南而去。最开始的3天无人问津，就在大家坚持不下去的时候，鲁冠球果断地说："调价！降20%，我看看有没有人来买！"果然，这招吸引了210万订单，农机厂的销路自此打开，工厂也度过了最初的难关。

最初的艰苦磨砺不但使鲁冠球更具经商智慧，也使其具备了优良的品质。他曾经因为收到一位消费者的投诉，就收回3万余件产品，全部销毁，损失达40余万元。他并不心痛，只有防微杜渐，企业才能走得更远。

相比同时期的其他人，鲁冠球获得了一个"商界不倒翁"的名号,因为他的稳,他的持久和反思,更因为他能耐得住"坏运"时期的"熬"。

人生就像四季,有着寒暑之分,也会有冷暖交替的变化。情场失意、工作不得志、与家人无法沟通、在同事中不被认同、亲人病危……当我们面临人生的冬季时,不可避免地会陷入情绪的低潮,并经常在低潮与清醒中来回摇摆。当我们处于人生的冬季时,正是好好反省、重新认识自己的时候,因为在所谓清醒的时刻,往往并非是真正的清醒。不管是刻意压抑或是在潜意识中,都会在有意或无心的时候,否定内心的种种孤寂、空虚的感受,也压抑了由恐惧所引起的各种负面情绪。当然,一般人也想解决这样的问题,有人尝试各种各样的方法,只是到了最后,还是不忘提醒自己这样的话:"书上写的、朋友说的我都懂,不过,懂是一回事,能不能做到又是另外一回事!"就这样,不是畏惧改变,就是不耐心等待,而错失了反省自己的机会。

生命会衰老,心路无尽头。在人生的旅途上,有寒雾笼罩的抑郁窘迫,也会有丽日蓝天的欢欣舒畅,有风雪交加的漫漫长夜,也会有月朗星稀的锦绣黎明。心路上有喜悦也有哭泣,有鲜花也有荆棘,有坦荡也有坎坷,有春天也有冬季。这就是生命中原本的模样。而我们所要做的,便是由缰的思绪之马,慢慢地,走出冬季,向阳光明媚的春天走去。

# 第五章

# 个人涵养：茶也醉人何必酒，书能香我不须花

——为人若君子，不可当小人

## 君子坦荡荡，小人长戚戚

洋洋洒洒一部《春秋》，总不过都是君子与小人的故事。流芳百世者，多为君子；遗臭万年者，皆为小人。君子谦谦，小人戚戚。古往今来，人世百态，有君子处皆有小人。小人者，于承诺中背信弃义，置他人以致国家安危于不顾，只为求得一时苟活的性命；于坦荡中掖掖藏藏，置他人利益为罔闻，只为寻得一己私利。小人者，心中亦无爱，或利欲熏心，或心胸狭隘，或飞短流长。为求浮名荣耀甚至是蝇头小利，往往大打出手，近乎不择手段。

所以，君子与小人的度量皆在一个"德"字中。《论语·里

仁》中就讲到了一个关于君子与小人的名句："君子怀德，小人怀土；君子怀刑，小人怀惠。"所以说，君子胸有千壑，小人独善其身；君子顺道而行，小人贪图小惠。

而在生活中，我们总会难免碰到小人，往往在有意无意之间和小人打上交道。如此情况，我们又该如何处置？

古语云："君子动口，小人动手。"面对小人们的不择手段，死缠烂打，再聪明的人也会防不胜防。所以，一旦被他们带进沟里，定力不够者往往也会不顾一切地陷入与小人的纠纷里，结果到最后往往弄得焦头烂额。

所以，与小人发生直接的冲突是一种不明智的行为，因为冲突正是他们施展自我"才能"的利器。动手者，小人之善道也。正所谓"新鞋不踩臭狗屎"，在与小人打交道时务必考虑周全，最好不要与其发生正面冲突，这对一般人来说，都无异于以卵击石。这并不是说在力上小人有多么的强大，而是在行为方式上，他们可以没有道德底线，心中无德者招数自然也是极尽下三烂之能事，所以，纵使你实力强势无敌，也难免不会躺着中枪。

"小人"随处可见，这种人常常是一个团体纷扰之所在，他们的造谣生事、挑拨离间、兴风作浪，很让人讨厌，所以人们对这种人不但厌而远之，甚至还抱着仇视的态度。

再坏的人也不愿意被人认为自己"很坏",总要披一件伪善的外衣,而你偏要以正义之手,揭开他们的面纱,却照出了小人的原形,这不是故意和他们过不去吗?

所以,"宁得罪君子,不得罪小人"成了待人处世中与小人打交道至理名言。但是,在生活中碰到此等人,我们是不是唯有忍气吞声自认倒霉?或是亦步亦趋,也在红尘的浸染中学会了那谄媚卑鄙的嘴脸?窃以为,不可如此。

对于动手的小人,我们自当以动口的君子之德去感化他,而即便不能做到如此,我们也应该时常怀有一颗君子之心,以大德之礼赢得天下苍生的厚爱,将眼光放得更长远,不要在某一个小人身上栽了跟头,失了感化更多有回头之心的浪子的机会。

所以,与君子共事,自是坦坦荡荡,无所谓小人的那些伎俩;与小人共事,当心胸开阔,目光高远,不要落入他们的窠臼。

孔子就曾说:"君子易事而难说也。说之不以道,不说也。及其使人也,器之。小人难事而易说也。说之虽不以道,说也。及其使人也,求备焉。"与君子一起做事很开心,也很容易。因为君子多半胸怀坦荡,没有什么偏见与私心,凡是合理的建议他自然会欣然接受。但是你若要讨好君子,或是送礼,或是奉承,皆是入了魔道,实不足取。所以,私情在君子中,抵不过秉公办理的半点威风。

但是小人呢？正好相反。对于小人，你只要送他所需，送他所急，送他所喜，他就一定很高兴。但是你要和他一起共事就难了，以为内他们的眼中永远只有私利，无关大局，更何况是你呢？

所以，在现实生活中，与君子，心中无私，口中自是直来直去，勿藏藏掖掖；与小人，多半则要以君子动口的灵活来应对随时动手的他们了。

徐文远是名门之后，他幼年跟随父亲被抓到了长安，那时候生活十分困难，难以自给。他勤奋好学，通读经书，后来官居隋朝的国子博士，越王杨侗还请他担任祭酒一职。隋朝末年，洛阳一带发生了饥荒，徐文远只好外出打柴维持生计，凑巧碰上李密，于是被李密请进了自己的军队。李密曾是徐文远的学生，他请徐文远坐在朝南的上座，自己则率领手下兵士向他参拜行礼，请求他为自己效力。

徐文远对李密说："如果将军你决心效仿伊尹、霍光，在危险之际辅佐皇室，那我虽然年迈，仍然希望能为你尽心尽力。但如果你要学王莽、董卓，在皇室遭遇危难的时刻，趁机篡位夺权，那我这个年迈体衰之人就不能帮你什么了。"

李密答谢说："我敬听您的教诲。"

后来，李密战败，徐文远归属了王世充。王世充也曾是徐文远的学生，他见到徐文远十分高兴，赐给他锦衣玉食。徐文远每次见到王世充，总要十分谦恭地对他行礼。有人问他："听说您对李密十分倨傲，却对王世充恭敬万分，这是为什么呢？"

徐文远回答说："李密是个谦谦君子，所以像郦生对待刘邦那样用狂傲的方式对待他，他也能够接受；王世充却是个阴险小人，即使是老朋友也可能会被他陷害杀死，所以我必须小心谨慎地与他相处。我查看时机而采取相应的对策，难道不应该如此吗？"

等到王世充也归顺唐朝后，徐文远又被任命为国子博士，很受唐太宗李世民的重用。

灵活应对，而不是莽撞行事。徐文远当是有君子遗风。人世间，小人君子皆不尽，于不同时机里，尽可能维护全局，放眼更广阔的未来，当是成大事者，泽被万代。君子动口，自当晓之以理，不卑不亢，娓娓道来；小人动手，自当灵活机动，勿让自己的梦想折戟其中。动手者图的无非一时之快，却往往到最后，得不偿失。唯其如此，方能于纷乱世事间，谈笑自如，而君子之风，也定能代代传承下去。

## 玩人丧德，玩物丧志

孔子曾经提出自己的"君子三戒"："少之时，血气未定，戒之在色；及其壮也，血气方刚，戒之在斗；及其老也，血气既衰，戒之在得。"大意是君子有三件事情要警惕：年轻时，精力不稳定，要警惕贪恋女色；到了壮年阶段，血气正旺，要警惕争强好斗；到了老年时，精力衰退，要警惕保守与贪婪。

人在少年的时候，很容易冲动，这个时候我们尤其要注意不能因男女关系而玩物丧志，或因感情的变故而导致人生走向不稳定。有不少青少年，因为谈朋友而误了学业，更有甚者为了争夺一个异性朋友而做出伤害他人的举动，想不开的时候，甚至会跳楼自杀。所以，在这个时期要慎重处理感情问题，切忌因色生事、情关难过。

人在中年，血气方刚，事业、家庭都很稳定。个人为了突破事业上的瓶颈，定会与人"大打出手"，所以孔子说"戒之在斗"。与他人斗的结果很可能是两强相争两败俱伤，此时既已家业有成，当静享人生乐趣，以一颗平和之心来看世相万千。

老人多半性情温和，如罗素所说，湍急的河流冲过山峦，终于汇入大海的时候，表现出来的就是一种平缓和辽阔。在这个时候，人要正确对待得到的东西。

其实，仔细想来，孔子的这番话归根结底说的都是一个道理，即人在不同的年龄段要戒除不同的玩性。少年时不可玩弄身体和感情，中年时忌讳玩弄权术和争斗；老年时亦不可玩弄悠闲和自己的所得。

"玩人丧德，玩物丧志"出自于古代经典著作《尚书·旅獒》。说是大约三千多年前，周武王消灭了商纣王之后，威德广播四海。当时有人进贡了一只犬，威猛善斗，与当时中原的犬大不相同。武王很喜好它。这件事被太保召公奭看在眼里。退朝以后，他写了一篇《旅獒》呈现给周武王，文中说："德盛不狎侮；狎侮君子，罔以尽人心；狎侮小人，罔以尽其力……玩人丧德，玩物丧志。"武王读了《旅獒》，想到商朝灭亡的教训，觉得召公奭的劝告很有益，于是就把所收贡品分赐给诸侯和有功之臣，自己则兢兢业业地致力于国家的治理。武王之时，国泰民安。

玩物丧志，这是古人传承下来的谆谆教诲。然而，在当今这个物欲横流的社会，对于每个年龄段的人来说，可玩的东西实在太多了。适度的玩自然是放松，但是如若沉迷其中不可自拔，不仅是对自身身体的摧残，更是对心智的一种侵蚀。长此以往，终会走向自我毁灭的深渊。

春秋时期，卫国的第十四代君主卫懿公特别喜欢鹤，整天与鹤为伴，如痴如迷。为此他时常不理朝政，更不说明察暗访体恤民情了。更有甚者,他还让鹤乘高级豪华的车子,待遇颇高。为此,国库不堪重负,大臣不满,百姓也是怨声载道。

终于,在公元前659年,北狄部落侵入卫国国境,当卫懿公命令军队前去战场的时候,没有人听他的,并且都气愤地说:"你的鹤享有那么很高的地位和待遇,肯定是无所不能的,你让它去打仗吧!"懿公见无人听其差遣,只好亲自带兵出征,无奈军心不齐,卫懿公一战即死。为此,古人有诗云:

曾闻古训戒禽荒,一鹤谁知便丧邦。

荥泽当时遍磷火,可能骑鹤返仙乡?

卫懿公沉迷于玩鹤的心魔中,不仅让自己丧失了治国的契机,也让他的整个国家都陷入了不求进取的态势中,最终他玩掉了整个国家和自己的性命。

我们必须时刻警醒"玩人长德,玩物丧志"。

## 人靠衣装,佛靠金装

在这个世界上,只有一件东西能够给予一个人真正而持久的力量,那就是一个人的魅力。而魅力最直观的表现就是你的外在形象。如果你想成为一个具有重大影响力的人,先做一个有魅力的人吧,用心为自己设计一个最佳的形象。

老人言

西方有句俗语："你就是你所穿的！"这也是人类无法改变的天性。在远古时代，服装最基本的功能是御寒，遮羞是它作为文明的标志；在有了阶级的社会里，尤其在现代社会，它又有了自我展示和表现成就的作用。这也是为什么很多成功人士不惜花费大量的时间和金钱选择那些能让他们展现出最好风姿和成就的服饰的原因。你的形象在无声地帮助你交流、沟通，传递你的信息，告诉人们你的社会地位、个性、品位等等。

如果说，形象是一个人通往成功的门票，这其实并不夸张。常言道，"人靠衣装，佛靠金装"，你的"外包装"在视觉上传递出你所属的社会阶层的信息，它也能够帮助你建立自己的社会地位。在大部分社交场所，你要看起来就属于这个阶层的人，就必须包装得像这个阶层的人。人们往往把优秀的服装与优质的人、不菲的收入、高贵的社会身份、一定的权威、高雅的文化品位等相关联，穿着出色、优质地的服装意味着事业上有卓越的成就。

我们不妨想一想自己身边的人，那些形象不凡而出众的人，自然会让我们另眼相看；而对于那些衣衫不整的人，我们会低估他们的能力和品位。形象在事业上的作用不但不可忽略，而且相当重要。无论选择雇员还是提升职员，如果面临着竞争，我们可能更容易倾向于那个穿着出色者，庄重而有品位的着装能够赢得我们的信任。富有魅力的形象，在一遍一遍地向你周围的人们传递这样一个信息:"此人是一个重要人物,他很可靠、实力雄厚,因此不可小视。"

"人靠衣装,佛靠金装",考究的服饰为你的形象增光添彩。虽然不能说形象决定成功,但成功与形象之间一定是相互促进的关系:你越成功,你的形象就越有影响力;你的形象越魅力十足,你也就越容易走向成功。

为了打造属于你的魅力形象,你应该掌握以下一些原则:

1. 超越名牌思维。你必须知道,时装的作用不只是装饰,而是个性性格、品位的体现,简约、和谐远胜于华丽的堆砌。

2. 张扬自我个性。跟风随大流会让你失去自我,在穿着上带着自我个性,带点创造力会让你脱颖而出,引起别人的注意,但切忌奇装异服,哗众取宠。

总之,你必须了解自己的个性特点才能做好自我形象的塑造,发挥自身优势,将你身上最好的、最闪亮的地方呈现给所有人。

## 输钱只为赢钱起

人们常说:"十赌九输。"可是赌这门东西非常邪门,因为几乎每个人都是,第一次赌的时候,是抱着试试、小赌怡情的心态，结果赢了，就觉得原来"赌"没什么难的。要不然就是觉得自己的运气盖过一切，应该下重手。结果，也就应验了"十赌九输"这句话。

仔细想想，几乎人人都有的这种"一定要赢"的心理其实是人的贪欲在作祟。俗话说，人心不足蛇吞象。我们常常被表象的繁荣所迷惑，沉溺其中而不自拔。而现实生活中，的确也很难有人能够很好地控制自己的贪欲。而一旦贪念生起，便很难有回头的决心和勇气。

从前，一个想发财的人无意之间得到了一张密林藏宝图，图的上面标明在密林深处有一连串的宝藏。他惊喜不已，立即悄悄地准备好了一切旅行用具，特别是他还找出了四五个大袋子准备用来装宝物。等到这一切就绪后，他就进入了那片密林。他无畏眼前的困难，勇敢地斩断了挡路的荆棘，趟过了小溪，冒险冲过了沼泽地，最后终于找到了第一个宝藏。进门后，他兴奋地发现：这个屋的金币熠熠夺目，虽然满屋的钱已经够他用上一辈子的，但是他依然打算装完以后再接着去第二个宝藏的地方，他急忙掏出袋子，把所有的金币装进了口袋。等到离开这一宝藏的时候，他看到了门上的一行字"知足常乐，适可而止"。

他看后只是笑了笑，心想：有谁会那么傻丢下这些闪光的金币呢？于是，他没留下一枚金币，就马上扛着大袋子来到了第二个宝藏处。进门后，呈现在他眼前的是成堆的金条。他见状可是激动坏了，兴奋地把所有的金条都放进了自己的袋子，当他拿起最后一条时，发现上面刻着："如果你肯放弃下一个屋子中的宝物，那么你会得到更宝贵的东西。"

他没有理睬这些提醒，认为下一个宝藏里一定有比金币、金条更珍贵的宝物，于是迫不及待地走进了第三个宝藏处。这下打开门，他完全惊呆了：里面有一块磐石般大小的钻石，他那双眼睛发出了亮光，他知道这个钻石完全可以让他富可敌国，于是他贪婪的双手抬起了这块钻石，小心地将它放入了袋子中。忽然他发现，这块钻石下面还有一扇非常小的门，他不禁一阵窃喜，心想：看来下面一定有更多、更值钱的宝物。结果，等他进去之后才发现，里面不是金银财宝，而是一片流沙。他最终与金币、金条和钻石一起长埋在这一片流沙下了。

玩牌的人大多都有这样的体会。你赢了一局又一局，于是总是想赢更多，结果可能就是下一局，你把所有之前赢的东西全部都输掉了，更甚者连自己的老本都压了进去。这不就像这个发现宝藏的人吗？贪念引诱着他一步步打开那宝藏之门，而最后，与其说是流沙将他埋葬，倒不如说他被贪欲带进了坟墓。

现实生活中，很多人在物质上都有一种永不知足的疯狂的贪欲，当拥有的时候会引发更大的欲望，越是抓住的多，就更想要再多抓住一些，而当贪得无厌的心态不断地膨胀直至爆炸时，也就彻底走向了自我毁灭。

不想放手，就是因为开始时赢了觉得还不够，再继续，就没得翻身了。试问有多少人能抽身而去？而当你心底的贪欲被勾引出来后，你的心智究竟还有几分是你自己所能控制的？

有一天，一个乞丐无意中发现了一只跑丢的小狗，小狗很可爱，乞丐发现四周没人，便把狗抱回了他住的窑洞里，自己养了起来。

但这不是一条一般的狗，而是一只纯正的进口名犬，而且是一个百万富豪的宠物。这位富翁丢失爱犬后十分着急，于是，富翁就在当地电视台发了一则寻狗启事：如有拾到者请速还，付酬金2万元。

乞丐沿街行乞时，看到这则启事，感到又惊又喜。他迫不及待地抱着小狗准备去领那2万元酬金，可当他匆匆忙忙抱着狗又路过贴启事处时，发现启事上的酬金已经变成了3万元。原来，富翁寻不着狗，又把酬金提到了3万元。

乞丐这时向前走的脚步停了下来，他想了想又转身将狗抱回了窑洞，重新拴了起来，他想得到更多的酬金。到了第三天，酬金果然又涨了，第四天又涨了，直到第七天，酬金涨到了让人难以置信的地步，乞丐这才跑回窑洞去抱狗。可想不到的是那只可爱的小狗由于吃不惯乞丐的伙食，已被活活饿死了。

最终乞丐一分钱也没有得到。

对于乞丐而言，原本他拥有了一个翻身的绝好机会，但是在面对这个机会的时候，他却动了非分之想。人都有一种逢赌必想赢的心态，却从来没有真正领会到"愿赌服输"的真正含义。乞丐跟富翁赌上了，其实跟他赌上的是时间，是自然规律。他又岂能赢得了这广袤无垠的时空？

《伊索寓言》中有这样一句话："有些人因为贪婪，想得到更多的东西，却把现在所拥有的也失掉了。"我们不要盼望别人给予我们什么，也不要期盼自己所想要的都能追逐得到，要学会自食其力，懂得知足常乐，懂得享受现在所拥有的，体验每一刻美好的时光。

不赌就是赢。

## 诚信无须假于笔墨，美丽无须假于粉黛

诚信，就是诚实信用，忠诚正直。即忠于事物的本来面貌，不隐瞒自己的真实想法，不掩饰自己的真实感情，不说谎，不作假，不为不可告人的目的而欺瞒别人。诚信是现实生活中维系人

与人之间亲密关系的纽带。

诚信是做人之本,是一种至高无上的美德,是中华民族的传统美德。不诚信的人是很难被别人接受的。在人生的漫漫长路中,诚信就像是一盏明灯,指引着我们走向成功之路。现实生活中只有每个人都拥有诚信的品质,践行诚信的美德,才能相互信任,相互交流,搭建起友谊的桥梁。

我国著名的教育家、思想家孔子就曾经说过:"人而无信,不知其可也"。意思是说做人却不讲信用,我不知道那怎么可以。说的就是做人要诚信的基本道德。

在秦朝末年有一个叫季布的人,他一向说话算数,在当时社会上的信誉非常高,许多人都非常崇拜他,也非常相信他,而且同他建立起了深厚的友情。在当时民间甚至流传着这样的谚语:"得黄金百两,不如得季布一诺。"

后来秦朝灭亡后,他因故得罪了汉高祖刘邦,于是刘邦悬赏黄金百两全国捉拿他。他的朋友只要把他抓住献给刘邦,就可以得到百两黄金作为奖励,但是结果他的那些昔日的朋友不仅不被重金所惑,而且纷纷冒着被灭九族的危险来保护他,最终刘邦也没有抓到季布。

由此可见,一个人诚实守信的人,自然能获得朋友的尊重和友谊,这就是俗话说的"得道多助"。反过来,如果一个人或者一国之君因贪图一时的安逸或者小便宜，而失信于自己的人民或者是朋友，表面上看好像是暂时得到了"实惠"。但是从长远来看，为了这点实惠，他毁了自己的声誉，这无比他所得到的那点"实惠"要重要得多。所以，失信于朋友，无异于丢了西瓜捡芝麻，从长远看是得不偿失的。

有人因为诚信而在关键时刻挽救了自己的性命。那就有人会因为失信于人而吃亏甚至丢掉自己的生命。

如果一个人不守信，迟早会失去别人对他的信任。那么，一旦他处于困境，很可能就没有人再愿意出手相救了。所以孔子说："人而无信，不知其可也。"失信于人者，一旦遭难，也就只有坐以待毙了。

诚信对于一个国家也非常的重要。在美国，每年都会有许多游人去纽约河边公园的"南北战争阵亡战士纪念碑"前面祭奠亡灵。美国十八届总统、南北战争时期担任北方军统帅的格兰特将军的陵墓就在这个公园的北部。格兰特将军陵墓后方是一大片草坪，一直绵延到公园边的悬崖边上。格兰特将军的陵墓后边，更靠近悬崖边的地方，还有一座没有记载、没有名字的小孩子的坟墓。那是一座非常小也非常普通的墓，只有一块小小的墓碑，上面的文字已经模糊得几乎无法辨认，这个小小的坟墓记载着一个感人至深的关于诚信的故事：

## 老人言

　　这个故事发生在两百多年以前。有一年，这个小男孩才五岁时，不小心从这里的悬崖上坠落身亡。他的父母当时非常的伤心，便将他埋葬在这个地方，并修建了这样一个小小的坟墓来纪念他。很多年以后，小男孩的父亲要将这片土地转让。出于对儿子的爱心，他对买主提出一个很奇特的要求，那就是要求买主要把孩子的陵墓作为土地的一部分，一直保存着。买主被伟大的父爱感动，答应了这个奇特的条件，并把这个条件写进了契约。就这样，孩子的小小坟墓就一直被保留了下来。

　　沧海桑田，时光荏苒，一百年过去了。这片土地不知道中间换了多少次主人，但是小男孩子的小小坟墓却一直都是在那里。小男孩父亲那个奇特的条件随着一个又一个的买卖契约被传承下来，因而小男孩的坟墓也完整无损地保存下来。时间到了1897年，政府成了这块土地的主人，这里被政府选中作为格兰特将军的陵园。美国政府也遵从了契约中那个奇特的条件，将无名孩子的坟墓完整无损地保留下来，成了格兰特将军陵墓的邻居。

　　时间又过了一百年以后，在1997年，为了缅怀格兰特将军在南北战争中立下的丰功伟绩，当时的纽约市长朱利安尼来到这个陵园。朱利安尼市长亲自撰写了这个动人的故事，并把它刻在小男孩坟墓旁边的木牌上，让这个关于诚信的故事世世代代流传下去……

纵观古今，因诚信而成功的人比比皆是，而败落在诚信脚下的人也是数不胜数。在当今物质生活非常发达的现在社会中，面对那么多的诱惑，做到诚实守信是非常困难的事情，但是如果你用自己的信心，用发自心底的责任和尊严去信守，那么，最终我们会发现这样的坚守对于我们的成功是值得的而且是必需的。

## 别让陋习成自然

每个人都或多或少的有些陋习，很多时候我们意识不到，正是那些陋习阻碍了我们向成功迈进的脚步。

习惯在长时间逐渐形成的，一时不容易改变的行为、倾向或社会风尚。但习惯有好坏之分，其中有些约定俗成的好习惯往往伴随人的一生。如闲暇则有手不释卷的习惯，见人有热心相助的习惯，待人接物有讲究礼节的习惯，等等，这些好习惯是一种内在品德的发扬与表现。与此相反，有的习惯则属于一种对事物偏颇的认识或生理本能的追求，如好吃懒做、好赌成瘾、出言不逊等等，这些坏习惯会让人性格扭曲，不仅对自身毫无益处，还会给社会带来许多不安因素。当陋习刚刚染身的时候，人们往往不以为然，可是一旦病入膏肓，到了不可救药的地步，就后悔莫及了。

有一个著名的实验足以说明陋习的严重性，把青蛙放在开水中，青蛙会迅速跳出来，但是把它放在冷水中慢慢加热，青蛙就会感觉很舒服，直到最后烫死在里面。我们身上的很多不自觉行为，就像青蛙所处的水一样，在慢慢加热。在学校里面，只知道背答案却不知道如何独立思考的习惯，使我们失去了重要的创造能力；在工作中，只知道服从却不知道提出更好意见的习惯，使我们失去了很多发展的机会；在生活中，天天上网聊天看电视连续剧的习惯，使我们失去了很多专心致志完成重要事情的时间。最后，我们这辈子平庸地来，平庸地去。

请给自己一段时间，总结一下你生活中的成功与失败，寻找一下成功与失败的根本原因，把这些原因一条条清晰地写下来，再把你生活中所有的习惯写下来，看看哪些习惯是好习惯，哪些是坏习惯。如果自己想不清楚，就求助于那些了解你的人，他们能一针见血地指出你的优点和缺点。当你把成功的原因和好习惯列成一栏，把失败的原因和坏习惯列成一栏之后，你会吃惊地发现，你的好习惯就是你成功的原因，而坏习惯也正是你失败的原因。

不以善小而不为，不以恶小而为之。习惯大都是从小积累起来的，这句话听起来非常老套，但却与我们的切身利益息息相关。达尔文曾经说过，不管社会如何发展，生存好的一定是那些平日里养成良好习惯的人。虽然有些残酷，却真的是一条经由实践检验证明的道理。

人常说，"习惯成自然"，当你将陋习也当成自然时，你必将走向失败。你习惯衣衫不整、头发凌乱地出入公众场合，或是打扮怪异、夺人眼球，丝毫不在乎周围那些惊讶的眼光；你习惯迟到、消极怠工，在所有人心中，你早已成了自由散漫、吊儿郎当、没有工作责任心的代名词；你习惯诸多借口，无论别人提出的批评多么富有建设性，你却只会搬出一大堆理由辩驳，推卸责任，你给人的印象就是胸襟狭窄、刚愎自用；你习惯于依赖别人，从来不敢提出自己的见解，人云亦云，拾人牙慧，又有谁能够放心地对你委以重任，安排你独当一面……于是，当你将陋习视为自然的时候，你将会品尝到自酿的苦果。

陋习会使你丧失成功的机会，它是阻碍你成功的障碍，让你扔掉握在手里的机会。因此，请检视一下你生活和工作中的所有习惯，看哪些习惯会成为你成功的障碍，然后，试图一项一项改正它们，切勿被坏习惯所束缚。

那么，如何改掉陋习呢？唯一的办法，是养成一个良好的习惯。

心理学原理告诉我们，改变一个习惯，至少需要两个星期。这就告诉我们，改变习惯是一个痛苦的过程，但这样的痛苦我们可以承受，可以制定切实可行的计划，一步一步地向前走，而放任陋习却是没有出路的。

## 有求皆苦，无欲则刚

怎样才算得上真正的刚强，老人言告诉我们："有求皆苦，无欲则刚。"

孔子说，我始终没有看见过一个够得上刚强的人。有一个人说，申枨不是很刚强吗？孔子说，申枨这个人有欲望，怎么能称得上刚强呢？一个人有欲望是刚强不起来的，碰到你所喜好的，就非投降不可，只有无欲时才能刚强。

如果一个人说什么都不求，只想成圣人、成佛、成仙，其实也是有所求，有求就苦。人到无求品自高，要到一切无欲才能真正刚正，才能真正作为一个大写的人，屹立于天地之间。

"事能知足心常惬，人到无求品自高"，这是清代陈伯崖写的一副千古绝对。李叔同曾经写过一首赠友人诗，诗中便引用了该联："今日方知心是佛，前身安见我非僧。事业文章俱草草，神仙富贵两茫茫。凡事须求恰好处，此心常懔自欺时。事能知足心常惬，人到无求品自高。"这里说的"无求"，不是对学问的漫不经心和对事业的不求进取，而是告诫人们要摆脱功名利禄的羁绊和低级趣味的困扰，有所不求才能有所追求。

林则徐最初在山东济宁当运河河道总督时，便立下一块石碑，上面镌刻着这7个大字："人到无求品自高"，一针见血地道出无私无欲的崇高品德，作为自己的座右铭，时刻鞭策自己、激励自己。林则徐面对官场的腐败风气的污邪，曾语重心长地给在京翰林院任职的长子写过一封书信，信中说："吾儿年方三十，侥幸成务，何德何才，而能居此，唯有一言嘱汝者，服官者应时时作归计，勿贪利禄，恋权位，而一旦归家，则又应时时作用计，勿儿女情长，勿荒弃学业，须磨砺自修，以为旦之为。"林则徐故居厅堂中悬挂着一幅他亲笔所书的格言："海纳百川，有容乃大；壁立千仞，无欲则刚。"

道家说，有所求而无所得，无所求而有所得。表面上看是一种消极的处世态度，静心领悟，会发现这其实是一种深层次的人生哲理。正所谓：山高人为峰，无求品自高。

一位高僧和一位老道，互比道行高低。相约各自入定以后，彼此追寻对方的心究竟隐藏在何处。和尚无论把心安放在花心中、树梢上、山之巅、水之涯，都被道士的心于刹那之间，追踪而至。和尚忽悟因为自己的心有所执着，故被找到，于是便

老人言

想:"我现在自己也不知道心在何处。"和尚进入无我之乡,忘我之境,结果道士的心就追寻不到他了。超然忘我,放下得失之心,不苦苦执着于自己的失与得、喜与悲,便不会陷入欲求的痛苦之中。

  淡泊明志,宁静致远。拥有一颗宁静的心,我们才能从容地面对自己的生活。很多时候,当我们处在困窘的处境中,似乎会有更多的渴望,然而,太多不切实际的杂念,也往往是我们登上人生顶峰的最大阻碍。这时候,如果你能够让你的心态平静下来,不受外界的干扰,那么你就可以得到你想要的一切。

## 第六章

# 立身处世：信者行之基，行者人之本

——修炼自己，把握人生福祸之密钥

### 有钱难买"早知道"

很多人一生都在追逐，追逐财富、追逐地位、追逐爱情。可是，追到头来，却发现自己就像掰棒子的狗熊，两手空空。这个时候，人们常常会悔恨，如果当初"早知道……就好了。"

可是，为什么我们要等到失去以后才会懂得珍惜呢？就像电影《大话西游》里的这段经典台词："曾经有一份真诚的爱情放在我面前，我没有珍惜，等我失去的时候我才后悔莫及，人世间最痛苦的事莫过于此。如果上天能够给我一个再来一次的机会，我会对那个女孩子说三个字：我爱你。如果非要在这份爱上加上一个期限，我希望是……一万年……"

有人说，摘不到的星星，总是最闪亮的，溜掉的小鱼，总是最美丽的。错过的电影，总是最好看的，失去的情人，总是最懂你的。

这世界上，每一个人都有个想要寻找的人，但是，这个人，错过了，就再也找不回来。

在爱情里有多少个早知道？

早知道，你过得不好，我不会轻易让你离开；

早知道，我爱你，必须常挂在嘴边，我不会吝啬说出它；

早知道，喜欢你，必须过马路时拉着你的手，我不会介意伸出手来；

早知道，我爱你，必须在吵架时依然讨你欢心，即使错在你，我可以颠倒是非；

早知道，我爱你，爱与被爱，我不会选择，50%我爱你，50%你爱我，会选择70%我爱你，30%你爱我，因为爱你多一点，你会倍感幸福；

早知道，我爱你，是一种支持，我不会在你节食时说你无聊；

早知道，上天安排你离开是一种错误，我不会让他得逞；

早知道……

早知道……

早知道……

多少个早知道已经来不及！

多少个早知道，都在你离去后跟着出来，可是，再多的早知道都已经没用，都唤不回了。

不必等到失去时才后悔，也不必一直念叨"早知道"，好好把握眼前，珍惜当下，会少很多遗憾，少很多悔恨。

## 过头饭不吃，过头话不说

在修建砖混结构楼房的时候，沿长度方向经常隔一定距离就会有一条断开的缝隙，这是故意设计上去的，叫作"伸缩缝"。是为了防止楼房"生长"的时候挤压变形。修楼如此，做事如此，为人也是如此，凡是不可做过头，说话也要留余地。

恶语伤人三冬寒，我们一定要善于控制自己，明白什么是应该说的，什么是不可以说的。永远别说不该说的话，否则只能是伤人伤己。

俗话说：蚊虫遭扇打，只为嘴伤人。许多人总是不加思考、滔滔不绝地讲话，很少考虑别人的感受和自己将面临的后果。有的人性情直爽，动不动就向别人倾吐苦水。虽然这样的交谈富有人情味，但他们没有想到并不是所有的人都能够严守秘密。直到这些不可与人言的隐私成为对头手中的把柄时，他们才会幡然醒悟，追悔莫及。有的人喜欢争论，一定要胜过别人才肯罢休。结果当时确实在口头上胜过了对方，但却深深损害了对方的"尊严"。对方可能从此记恨在心，后果不堪设想。有的人喜欢当众炫耀，陶醉在别人羡慕的眼光里。岂不知在得意忘形中，失去了人心……

所以，为人处世，需要讲究说话的艺术。

过头饭不吃，过头话不说，说话除了要给别人留余地之外，更要给自己留有余地。不要把话说得太满太死。毕竟谁也不知道以后会发生什么事，说话行事为自己留有余地就是为了避免自己将来下不了台。

因此，说话的时候一定要给自己留有余地，让自己可进可退。要知道，说话也好比在战场上一样，只有说出去的话要进可攻，退可守，才能够让自己既有了牢固的后方，出击对方又可及时地退回，从而让自己永远处于主动的地位。

要在谈话时给自己留余地，需注意以下几点：

**第一，话不要说得太绝对**

这个世界上没有绝对的事情，所以话也不要说得太绝对。尤其是对于一件我们自己都还没有完全弄清楚的事情，就更不要用那些绝对的字眼。因为太绝对的话往往不真实，而且容易让别人反感。你可以仔细想一想，在我们的周围，是不是有很多这样的人，他们总是特别自信，即便自己没有完全的把握，而他就敢在他人面前很有把握地讲话，这样的人，是不是会让你从心底里反感？

老张和李庄是第一次见面，两人聊得还挺投机，聊着聊着便谈起了情理与法理的关系。老张说："这是个智者见智，仁者见仁的问题，本没有定论的。"但李庄却说："在这个社会，你必须讲法理，根本不能讲情理。按我的意思呀，在现在的社会，人心不古，跟人讲情理是没用的。必须要用法律来解决问题！"这本是闲聊，但是他的话过于绝对，引起了老张的反感，老张立即反唇相讥："社会上不讲道德是不行的……"一场针锋相对的吵架就这样诞生了。

与人交谈的时候，即便是我们绝对有把握的事，也不能把话说死，更不用说那些本就没有定论的事情，太绝对的东西总是容易引起他人的挑刺和反感，而如果对方有意挑刺，鸡蛋里都能挑出骨头来，更何况你的一句话呢？那样，只是让你自己陷入尴尬的境地。与其给别人一个挑刺的借口，不如把话说得委婉一点，给自己留一个更为广阔的空间与对方周旋。

**第二，话要说得圆润**

话好不好听，关键就在于圆不圆润，能把话说得八面玲珑，自然让别人听起来就舒服。尤其是当我们只是出于社交目的甚至是求人办事的目的跟他人谈话时，更要把话说圆润。如果话说得太直，就会激恼对方，最后，你得不到任何好处。说得圆润一点，一方面能给我们留下一定的回旋余地,另一方面,能让人产生好感。

一天中午,某家旅店的服务员犯了难,原来,她发现了前一晚已经结账的高小姐仍然住在客房,如果直接去问张小姐何时起程,就显得不礼貌,但如果不问,又怕高小姐赖账。于是大家商量决定让善于谈话的大李去和高小姐谈谈。

大李很快来到了高小姐的房门口,敲了门,等高小姐开门后说:"您好!请问是高小姐吗?""是啊!您是谁?"张小姐问道。"我是公关部的,听我们经理说,您身体不太舒服,不知道现在好点了没有?"这就是大李的开场白。

大李的开场白让高小姐表情轻松了很多"谢谢您的关心,现在好多了。"

于是,大李趁热打铁:"我听说您昨天已经结账,可今天没有走成。这几天的天气不好,是不是航班取消了?您看我们能为您做点什么吗?"大李这番话说得滴水不漏,高小姐于是回答道:"非常感谢!昨晚结账是因为我的朋友今天要来,我不想账积得太多,就先结了一次,大夫说,我的病还需要观察一段时间。"

"高小姐您不要客气,有什么事只管吩咐好了。"说完,大李就回去了。

"那先谢谢了!有事我一定找你们。"

然后,高小姐就去结账去了。

大李去和高小姐的谈话，目的是要弄清楚，到底是走还是不走？如果不走，就要问清楚原因。但这个问题不好开口，说得不好就会得罪人，甚至还会得罪自己的上司。但是大李的话说就得非常圆润，先是寒暄一下，然后又问张小姐需要什么样的帮助，一副非常关心的表情，而让张小姐深受感动，在不知不觉中就弄明白了事情的原委。大李成功的秘诀就在于他的说话技巧十分高超，说得十分圆润，又达到了预期的目的，且没有让对方太过于难堪。

**第三，说话不要信口开河，尤其是不能违背常理，违背了常理，谎言就不攻自破了**

有两个推销员在火车上推销自己的袜子，其中一个推销员随手拿起一只袜子，拽着袜子的两端使劲拉，怎么拉袜子都没破，目的是为了向大家展示良好的韧性。然后他又随手拿起一根长长的针，在拉得绷直的袜子上来回划动，说："大家看看，怎么划都不会抽丝。"紧接着他又拿起打火机，在袜子下面轻快地晃动，火苗穿过袜子，但袜子却没有烧着。"大家看，这袜子根本不怕火烧。"

推销员的这番话这引起了大家的好奇心，大家都纷纷想试试这个袜子的神奇之处。于是，的一位顾客有意拿起针，只划了一下就在袜子上划了一个洞，原来只有顺着纹理划才不易划破，并不是怎样都划不破。另一位顾客更要用打火机烧，急得推销员赶忙补充说："袜子并不是烧不着，我那样做只是证明它的透气性好。"最后大家终于明白怎么回事。袜子的质量的确很好，但明显没有推销员说的那么夸张。最后，还是没有多少人买袜子，因为推销员的夸大其词已经影响了顾客的消费情绪。

而第二位推销员就显得十分聪明了，他也是一边说一边演示，但他懂得话不能说满的技巧。

只见他一边拉扯袜子，一边用打火机穿过袜子的时候这样说道："任何事物都有它的科学性，袜子怎么会烧不着呢？我只是证明它的透气性好。当然它也并不是穿不破，但是韧性是没得挑的。"他的这番介绍就没有给一些人漏下反驳他的空子。接下来，他一边给大家传看袜子，一边讲解促销的优惠价格。显然，比起前一位推销员，人们更愿意买他的袜子，因为他看上去更实在。

所以，说话不要太满，在考虑事情的时候，要有全力以赴的进取准备，也要注意给自己留条退路。这样，才能进可攻，退可守，给自己断了后顾之忧。任何时候，给对方和自己都要留有余地，这样事情才不会陷入尴尬的境地。

不管是日常交流还是朋友之间开玩笑，都应该把握分寸。花不可开得太盛，盛极必衰；话也不可说得太过，过必有所失。把话说满了往往会掐断自己的退路，把话说过头了往往会招人反感。因此，任何时候都要记住"过头饭不吃，过头话不说"的俗话，给自己留些余地，才不会受"失言"之害。

## 学好三年，学坏三天

闽南俗语说："学好三年，学坏三日。"大意是：一个人学好必须用几年的时间，而学坏只需几天。这话道出一个深刻的哲理："学坏容易学好难。"闽南老一辈的经常用此话来警醒小孩或年轻人：做一个对社会有益的好人既要有善心又要有恒心，而如果稍微放纵自己，很快就会染上不良习惯和不良行为，发展下去十分危险。

在我们很小的时候，不管是父母还是老师都强调让我们养成各种好习惯，如讲文明懂礼貌，饭前洗手等等。可就是这些小小的习惯，也要在老师和家长的监督下，我们才会照做。而对一些坏习惯，我们却无师自通，而且还自发行动。

在平常生活中，人们通常所说的"好"，往往都是需要积极努力、奋力付出才能做到的。而事实上，人们要获得、要享乐，都离不开物质基础，而物质基础是需要劳动来创造的，并不能像天上掉馅饼般凭空而降。因此，要做到人们所说的"好"，必须从小学习文化知识，学习谋生本领；长大后必须谨慎做人，勤奋努力，这样才能既创造物质财富，又获得人们的口碑。所以，"学好难"。

比方说，守纪律、讲信用、爱劳动、爱清洁、勤奋好学等优良的行为是需要长期培养方可形成的，属于人的社会行为。在培养优良行为的日子里,个体需要对本能加以克制和约束。

而人们通常所说的"坏",一般都是指那些不劳而获、得寸进尺、作恶多端、心狠手辣、违背道德之事。不劳而获简单,去抢去夺即可;得寸进尺也不难,不要脸即可;作恶多端,更容易,敢做坏事即可;心狠手辣不难,敢下手即可……因此,"学坏容易"。

这些松散、贪心、懒惰、自私自利等坏的行为,则是受人的生存驱动力的影响、源于本能的低级需求,是对欲望的放纵行为,没有意志力的克制,也会自发地表现出来。就像大人要求孩子玩好了玩具要放回原处,这种行为与本能相违,需要意志力和自控力,还需要长期而严格的相应训练,才能养成这一良好的行为习惯。相反地,玩具玩完了一扔了事,既方便,又无须约束,当然不用学也做得到。

但是,我们不能因为学好难,就不学好;也不能学坏容易就去学坏。就如我国古代三国时期刘备曾说:"勿以恶小而为之,勿以善小而不为"。这句话的意思是:恶,即使是小恶也不能去做;善,即使是小善也必须要做。这是刘备去世前给其子刘禅的遗诏中的话,劝勉他要进德修业,有所作为。好事要从小事做起,积小成大,也可成大事;坏事也要从小事开始防范,否则积少成多,也会坏了大事。所以,不要因为好事小而不做,更不能因为不好的事小而去做。小善积多了就成为利天下的大善,而小恶积多了则"足以乱国家"。